産業安全活動　二つの源流

『*Think Safety First again*』

― 100年の時空《とき》を超えて ―

特定非営利活動法人　リスクセンス研究会　編著

化学工業日報社

はじめに

一九一七年に内田嘉吉による安全啓発書『安全第一』が出版されてから、今年は一〇〇年目に当たります。「安全第一」は言うまでもなく、米国における安全運動のスローガンである“Safety First”の日本語訳ですが、本家米国でこのスローガンが産声を上げたのは、一九一二年US Steel社においてとされています。一方、一九一五年には、足尾銅山にて、小田川全之による保安心得書『安全専一』が配布されており、こちらもまた、“Safety First”の日本語訳とされています。つまり、“Safety First”をスローガンとする安全運動は、その誕生から僅か数年で日本の産業界に導入されているのです。

私達は、この『安全第一』および『安全専一』の現代語訳を読み解く中で、これらが教える安全思想の普遍性、先見性に気付かされると共に、一〇〇年間続いてきた安全運動の意味について再考する機会を与えられたと考えています。

本書では、そのことを踏まえ、わが国における安全運動の歴史に加え、これら「安全第一」、「安全専一」の精神、意味、活動等について解説すると共に、現代および未来におけるこれらの意義、そして、私達の研究テーマであるリスクセンスとの関わりについても説明を加えたいと思います。

本書の発行を機に、"Safety First"、「安全第一」、「安全専一」が新たな光を得て、次の一〇〇年も輝き続けることを願うものです。

二〇一六年九月

特定非営利活動法人　リスクセンス研究会
理事長　新井　充

目次

第2章　「安全第一」活動から学ぶ　15

第3章 「安全専一」活動から学ぶ

附

（各項に詳細目次あり）

第 1 章

日本のSafety Firstの夜明け

1　はじめに

〝清潔と秩序と整頓を忘れるなかれ、これ「安全第一」の要義なり〟
〝休日の翌日にはとかく疎漏がちて負傷が多いから、ウッカリして過失をしないようよく気を付けなければならない〟

前者は、一九一七年、今から一〇〇年前に出版された安全啓発書『安全第一』（内田嘉吉 著）の中で目につく場所へ掲げ、日々の注意を促すためにと紹介されている安全スローガンの一つです。多くの職場で展開されている3S、5S活動のスローガンと見間違えますね。後者は、その二年前の一九一五年に足尾銅山の現場の人達に配布された保安心得書『安全専一』の中で、採鉱、製煉、電気、機械、土木、運搬等鉱山内での諸作業に共通する安全心得として最初に記載されている保安心得項目の一つです。休み明けの職場で交わされることが多い始業前の会話と似ていると思いませんか？

一〇〇年前に始まった「安全第一」活動と「安全専一」活動で見られる次のような四つの傾向が、あなたの身近な組織の中で見られませんか？

①経営者は、組織の維持・発展のための諸施策を推進する際、安全に関する施策を品質や環境等の施策と等しく重要と位置付けていることから、「安全第一」として優先するというよりは「安全専一」の姿勢で推進する。

②その際、事故や事件等の処理に携わった経験を有すれば、担当する組織の安全や環境等の状態が目標とするレベルに達していない状態にあれば、問題がどこにあるか、容易に気が付き、必要な諸施策を適切に実施する。

③中間管理職はSafety First活動の職務を担当する際、上司の理解が得られる場合は目標とする諸施策が効果を挙げるよう力を発揮する。

④第一線の実務職層は、事故やケガ等は自らの不注意で起きるという意識は低い。

二〇一一年三月十一日の東日本大地震と巨大津波、その際の東京電力・福島第一原子力発電所での事故を機に、絶対安全は存在しない、想定外の事象にも対応できるようにと〝リスクとの共生〟下での安全施策の模索が始まっています。

一〇〇年程前、事故は本人の不注意でのみ起きるという安全概念から脱皮した新しい安全活動が二つ誕生しました。米国で拡がっていたSafety First活動を「安全第一」と訳して国を挙げて展開された安全第一活動と、鉱業所員に理解しやすいのは「安全専一」であると訳して推進された足尾銅山での安全専一活動の二つの原点を辿ることは、現在のSafety First活動を考える上で参考になることが多いと感じています。

本書では一〇〇年前に広く読まれた安全啓発書『安全第一』と保安心得書『安全専一』の現代語訳を基に、官産で安全第一協会を立ち上げた内田嘉吉（逓信省、現在の総務省）とその下で実務を取り仕切った東京電気（現東芝）の蒲生俊文の安全活動と、「安全専一」活動を創始した小田川全之第一〇代足尾鉱業所長の鉱業所運営に焦点を当てて、今日のSafety First活動を推進する上でのヒントを提供します。

日常、事故等を未然に防ぎ、組織の健全性を維持しつつ、更なる組織の生産性の向上に努めておられる皆さん、「絶対安全」の発想が存在しなかった一〇〇年前にタイムトリップして先人達の知恵を一緒に学びましょう！

2　「安全第一」活動は一〇〇年前の南米視察報告会から始まった

二〇一六年は、内田嘉吉が安全第一協会を発足（一九一七年四月一日）させ、安全啓発書として『安全第一』（同年九月十一日出版）を著《あら》わしてから一〇〇年目にあたります（**写真1―1参照**）。

官産が一体となった安全第一活動が始まったきっかけは、その前年の六月に行った内田の七カ月に亘った米国やキューバ、パナマ、チリ等六カ国の視察報告会でした。米国の鉱山局の調査結果である各国の石炭の採掘量一〇〇万トン当たりの死傷者数で一番安全成績が悪い鉱山でも七であるのに、わが国では二一で一六万人もの死傷者にもなっている例を挙げて、米国で急速に展開されていたSafety First活動を工業化時代を迎えたわが国に必要な施策として提唱します。このSafety First活動の呼びかけは、月二回発行されていた経営誌『実業之友』一九一六年八月十五日号への内田の「Safety First～安全第一協会設立の大急務」と題した寄稿や同年八月四日付けの内田へのインタビュー記事「米国視察でみたSafety First（安全第一主義」（東京朝日新聞）で注目されました。

【写真１－１】『安全第一』
（千代田区立日比谷図書文化館「内田嘉吉文庫」蔵）

　一九一六年九月は労働者が過度な労働で健康を損なったり、設備の不備や作業上の不注意で死傷することから守る工場法が施行された年でもありました。工場法は、日清戦争前後から急速に工業化が進んだわが国において、各種の労働争議の発生とそれに伴うストライキへの対応として、時の政府が治安警察法（一九〇〇年に制定）で労働運動を取り締まる一方、労働者保護の施策（一九一一年に公布）の結果として生まれました。ただ工場主に反対が多く、労働災害に関しての被災者への補償に関する事項は織り込まれましたが、予防に関する事項は工場主に義務付けない不徹底な内容でした。理由としては、客観的な安全基準の設定が難しかったと推察されています。このため工場法を所管していた農商務省では労働災害が起きないよう、工場主や一般国民の安全意識を高める施策の必要性を感じていました。

工場法所管の農商務省関係者が内田へ接近を図ったことは、内田が前記の『実業之友』一九一六年十二月十五日号で「更に安全第一の必要性を宣明す」と題した論文で日本でも近く安全第一協会が設立される予定であることを述べていることから推察されます。

内田の提唱した安全第一活動に一部の産業界関係者も賛同し合流します。一九一六年三月逓信省次官に昇任した内田は、省庁の壁を越えて安全第一活動を推進すべく、産業界の関係者、特に東京電気の蒲生俊文や足尾鉱業所の小田川全之等に安全第一協会の設立に向けた協力を要請し、翌年四月には安全第一協会を発足させ、初代会頭に就きます。内田は安全第一活動の先頭に立つと同時に工場主や一般国民の安全意識を高めるための啓発書『安全第一』を同年九月に著わし、官産一体となった安全第一活動を展開していきます。

3 「安全専一」活動は、新任の鉱業所長のスローガンから始まった

小田川は、一九一一年十二月、第一〇代足尾鉱業所長に昇任して、米国で拡がり始めていた「Safety First」というキャンペーン用語を「安全第一」と訳すことも検討しましたが、熟慮の末「安全専一」と訳出し、「安全専一」活動を開始します。

一九一一年頃の鉱業所は、四七トンで始めた産銅量（年間）が一万トンを目前としていて、翌年の産銅量が一万一、二七七トンと急増していることから、急速に近代化を進め、大型機械や独自に開発した装置等で設備増強していました。また一九一一年は工場法が公布されていて、経営者には労働災害の防止に関し新たな施策が求められた年でもあります。新しい設備が増え、分業化、新規採用の所員が急増する中で無事故・無災害による銅を産出するための鉱業所運営が強く求められていました。

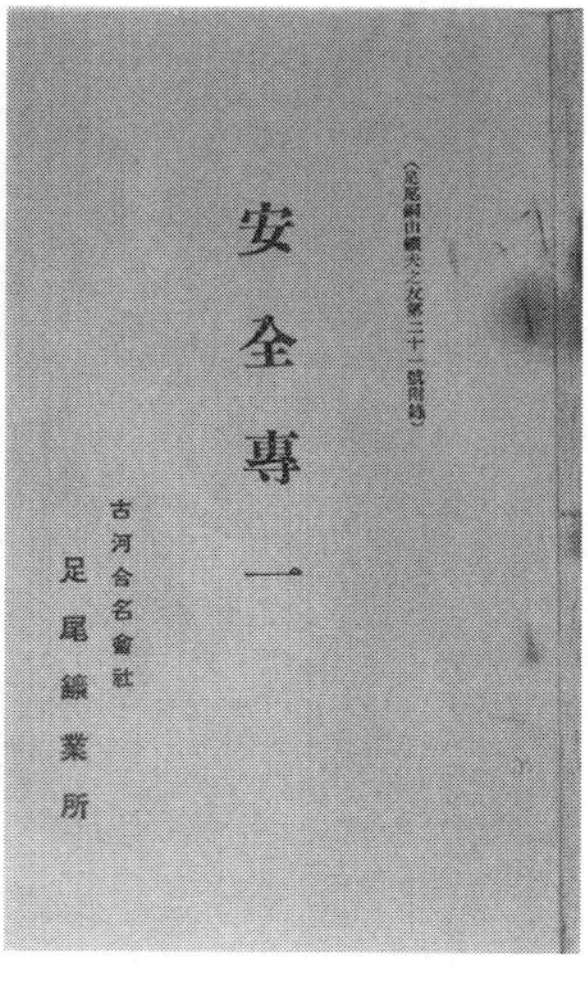

【写真１－２】『安全専一』
（古河機械金属株式会社 所蔵複写版）

小田川新鉱業所長は、一九一二年に「安全専一」と記された琺瑯挽きの大きな啓発看板（縦約二四センチメートル、幅約四五センチメートル）を坑口、坑内や主要工場の作業場の目につきやすいところに掲げ、以降、「安全専一」をキーワードにして保安心得書『安全専一』の所員全員への配布を始める等、創造的な安全活動を推進します（**写真１―２**参照）。

4　日本のSafety First活動の先駆者像

内田、蒲生および小田川等を輩出した世代の人物像を明治維新前後の次の三つのカテゴリー、「明治維新創業期の世代」、「明治近代化第一世代」および「明治近代化第二世代」から考察すると次のような人物像が浮かびあがります。

「明治維新創業期の世代」は概ね一八三〇年代に生まれ、維新で誕生した明治政府に参加した世代です。この世代はいわゆる江戸時代に育ち、武士を育成する環境において人間形成がなされ、その人間力と知力をもって維新後の産業、教育をはじめ日本の近代化を牽引しています。この期のエリートの特徴は、ほとんどが武士であり、試験で選ばれた人材ではなく、言わば戦場から生きて帰ってきた人達であること、故郷をともにし信頼できる仲間内から具体的な成果を挙げて地位を上げていること、物事を一から構想し、それを完成させる能力の鍛錬を経験していたこと等が挙げられます。人物としては大久保利通、伊藤博文、渋沢栄一らです。

「明治近代化第一世代」は安政から文久にかけた一八六〇年頃の生まれで、近代日本の知性を担い始めた世代です。彼らは維新を経て武士階級が崩落した時代に生きましたが、その最大の特徴は、幼少の幕末期に武士社会の中で躾や教育を受けたことです。江戸時代の武士の教育は、各藩独自の思想で開設された藩校で行われました。藩校のカリキュラムは基本的に国の統治に必要とされた儒教と武道からなっていました。儒教とりわけ朱子学の基本は、物事の理を極める格物・致知から始まり誠意・正心・修身・斉家・治国・平天下というように個人の道徳的な精神と人格の形成が何よりも優先され、やがて庶民のリーダーとして天下に平和をもたらすことに繋がるという内容でした。小田川全之は一八六一年、内田嘉吉は一八六六年の生まれで、この世代に属します。この世代は、外国語の習得に取り組み、明治政府の存亡をかけた緊張感をもって西欧諸国に留学し、先進技術情報を日本に持ち帰った世代でもあります。因みに小田川は工部大学校（後の東京帝国大学）で土木工学を専攻する前に東京英語学校で英語を専修し、内田は東京帝国大学法科に入学する前に東京外国語学校ドイツ語科で学んでおり、海外から先進的な技術や経営手法を積極的に導入しています。

「明治近代化第二世代」は明治に入ってから生まれた人々です。維新の前後で日本の教育体制が大きく変更され、輩出する人材の素養形成にも影響があったようですが、親の世代は武士で、人間形成においては幕末までの教育文化が影響していたと考えられる世代です。維新を契機にこれまでの身分制がなくなり、能力主義が導入されたことにより「村に不学の戸なく、家に不学の人なからんことを期す」を目指した欧米の学校制度を規範とする近代教育制度の下で、高度な専門知を持つ人材が続出し始める世代です。一八八三年生まれの蒲生俊文はこの世代で、東京帝国大学法科で学んでいます。

明治政府を誕生させ、外国語はあまり得意ではなく専門知識も十分ではないが、大局観を持ち総合知に富んだ明治維新創業期のエリートとスペシャリストとしての高度な教育を受けた明治近代化世代のエリートの組み合わせが、輝かしい業績を上げることは、第３章で紹介する銅山王であった古河市兵衛の下の小田川の活躍からも容易に想像できます。

日本のSafety First活動の先駆者達は、近代日本の知性を担った世代で、西欧諸国の先進情報を積極的に取り入れ、国民の啓発や健全な組織運営の在り方に強い関心を持って工業立国を牽引した行動力の持ち主であったといえます。

《参考・引用文献》

⑴　安全第一に学ぶ会「内田嘉吉『安全第一』を読む」大空社（二〇一三年）
⑵　足尾鉱業所保安心得書「安全専一」社内報「鉱夫の友」第二二号一月号の付録、日光市（二〇一一年）

(3) 内田嘉吉「安全第一」丁未出版社（一九一七年）
(4) 内田嘉吉「南米視察談」帝国鉄道協会会報第一七巻第九号抜粋（一九一六年）
(5) 内田嘉吉「安全第一協会設立の大急務」八月十五日号 19頁 実業之友（一九一六年）
(6) 内田嘉吉「更に安全第一の必要を宣明す」十二月十五日号 9頁 実業之友（一九一六年）
(7) 堀口良一「安全第一の誕生～安全運動の社会史」不二出版（二〇一一年）
(8) 花安繁郎「近代産業安全運動の礎を築いた人々」http://www.siz-sba.or.jp/kamihon/ 上本通り商店街ウェブサイト（二〇〇八年）
(9) 沖田行司「藩校・私塾の思想と教育」日本武道館（二〇一一年）
(10) 文部科学省、学制百二十年史、http://www.mext.go.jp/b_menu/hakusho/html/others/detail/1318221.htm 株式会社ぎょうせい（一九九二年）
(11) 磯田道史「戦前エリートはなぜ劣化したのか」文藝春秋SPECIAL季刊秋号（第三十三号）文藝春秋（二〇一五年）
(12) 磯田道史「武士の家計簿「加賀藩御算用者」の幕末維新」新潮社（二〇〇三年）

COLUMN 1

銅の町足尾で“初めて”体感トリップ

日本の近代化を支えた足尾を「日本初がある銅の町」として地域おこしをする動きが活発です。

1911年、米国で拡がっていたSafety Firstという言葉を日本で初めて安全活動に使用しようと「安全専一」と訳出し、琺瑯挽きの大きな安全啓発看板（縦約24㎝、幅約45㎝）を坑口、坑内、主要工場の主な作業場の目につきやすいところに掲げたことをはじめ、最先端の機械や技術を駆使してわが国で最大の年間産銅量を維持し続けた足尾鉱業所とそこで働く人の町づくりに関し、“日本初”というものが多い。足尾の歴史を過去から未来へと伝えている足尾歴史館の見学、足尾銅山の現存する通洞坑道の一部を利用し、国内最大の規模で当時の坑内各作業を再現した足尾銅山観光、少し足を延ばして足尾環境学習センターの見学を組み込んだ近代化産業技術遺産を訪ねませんか。

わたらせ渓谷鐵道で、ゆったりと鉱山探索の一日を!!　(M.O)

技術・文化名	発足年	説　明	所在場所（足尾町内の地名）
銅山電話架設	1886年５月	エジソン式	掛水
水力発電所	1890年12月	足尾銅山の産業革命の始まり	上間藤
索道・鉄索（貨物用ロープウエイ）	1890年12月	足尾銅山の輸送力増大	各地区
鉄橋「古河橋」	1890年11月		赤倉
水套式溶鉱炉	1890年11月	足尾銅山の溶鉱量増大	本山
電気鉄道	1891年	足尾銅山の輸送力増大	本山坑
足尾式削岩機	1914年頃	手持ち式の小型	下間藤
電気集塵機	1915年	排煙除害	本山
自熔製錬法	1956年	無燃料、コークス、電気不要	本山
電動のこぎり	1924年頃	製材所用	銀山平

出典：特定非営利活動法人足尾歴史館（2014年）パンフレットより転載

第 2 章

「安全第一」活動から学ぶ

1 はじめに

一九一七年に始まった「安全第一協会」の活動は、日本安全協会（一九二一年〜一九四一年）、産業福利協会（一九二五〜一九三六年）へと受け継がれて大河となっていきますが、その源は、内田を中心とした一九一七年前後の活動です。内田等の言動は、今日求められている安全活動の在り方の議論に、文明史の視点から日常の安全活動の視点に至るまで多くの切り口を与えてくれています。

具体的な視点を幾つか挙げます。

一つは、内田の文明史論的な視点から検討する姿勢を学ばねばという点です。わが国が現在置かれている状況から、これからどういう社会が到来するかを考察し、その時代に必要な施策として実施するという視点です。一〇〇年前に較べ、産業界でのグローバル化した企業活動や変貌する社会としては常態化する少子高齢化社会など、これからの社会にどういう安全活動が求められているか、を議論し、自分自身および所属している組織が置かれた環境に思いをめぐらして必要な諸施策を推進するという姿勢です。

二つ目の視点は、機器類や人間等の動作の条件は明示できるとし、マニュアル順守で安全は実現できるとの考え方の見直しです。これまでの一〇〇年の安全活動を概括しますと、エラーや事故等を低減させるために、まずハード面、次いでソフト面の技術要因からの低減施策が、更に進んで人的要因からのヒューマンエラーの低減に関する施策、そしてここ十年は組織のマネジメントの面、即ちハード面やソフト面、人的な面でのエラーや事故等を誘発する事象は、組織のマネジメント要因が遠因となって発生するとの視点にたった施策が目立つようになってきています。これらの諸施策の基本的な考え方は、機器類や人間等の動作の条件は明示できるとし、このためマニュアルに従っていれば安全は実現できると想定していることです。しかし、これらの考え方の延長線上では、二〇一一年三月十一日の東日本大震災による災害と東京電力福島第一原子力発電所での事故は防ぐことができなかったのではないかとの声がでています。安全性を保証する方法として使われてきた〝想定している〟事項に基づく確率論をベースとした手法が限界にきているとし、〝想定外〟のことをも織り込んだパラダイムを求める動きとなっています。レジリエンスエンジニアリングのような危機や困難な状態に直面しても復元力を発揮し、エラーや事故を回避しまたは減災する力をつけようという動きもその流れの一つです。

私達一人ひとりへの〝安全の内在化〟の施策が必要なのではないか、という視点も検討したい視点です。一〇〇年前から今日まで受け継がれてきている「組織としてまた個人として安全を維持することは生産効率の向上につながる」という価値観の上位に在る価値観として、各人が自ら考えて行動し、結果として組織も個人も社会も安全という状態を維持しているという高い倫理観や価値観をもっと強く持つようにする施策が必要ではないか、という視点です。一〇〇年前に内田は、安全な状態を維持することは人間としての義務であるとして、三つの注意、自分に対する注意、他人に対する注意、天与の万物を大切にするための注意を怠らないことを挙げていますが、この一人ひとりへの〝安全の内在化〟の施策です。

到来しつつあった工業化の時代に対応するために、内田主導で行政と個々の会社単位で行われていた安全活動を統合させようとして始まった点も、安全活動の在り方の見直し点に挙げたいと思っています。理由は、前述の東日本大震災による災害と東京電力福島第一原子力発電所での事故を機に「原子力の安全神話」は原子力産業に係る官産の関係者間で作られ維持されてきたことが明らかになっているからです。

〝事故は本人の不注意や不心得によってのみ起こる〟という一〇〇年前の社会通念を変えた内田の安全への考え方は、「絶対安全」は存在しない、想定外の事象にも対応できなければならないという、これまで公に議論されたことがなかった枠を超えたこれからの時代にふさわしいパラダイムの検討を行うにあたっても学ぶ点は多いと思っています。

2 Safety First 安全第一主義の導入者――内田嘉吉から学ぶ

内田は、一九一五年十二月から一九一六年六月までの六カ月にわたって米国やキューバ、パナマ、チリ、メキシコ、ペルーの六カ国の産業界を視察しました。逓信省に奉職し台湾総督府民生官の職務等を歴任していた内田は、これからのわが国の産業界の在り方を検討するために、体調を崩し職を辞していた前記の時期に、第一次世界大戦で産業界が活況にあった米国を主に南北米六カ国を視察しました。逓信省に勤務していた関係で通信の視点から鉄道や海運等の業界に精通していましたが、米国のものつくりの分野や物流機能としての交通分野でSafety First活動が大々的に展開されているのを見て、この活動が工業化時代を迎えつつあったわが国に必要な施策であると直感したと視察報告会で述べています。わが国では石炭産業の勃興に伴う炭塵やガス等による炭鉱での爆発事故や八幡製鐵所の高炉増設に代表される重化学工業化時代の幕開けに伴う大小様々な工場での事故、急増する物流業務を担う鉄道や海運等交通分野での事故等、事故撲滅活動が行政として喫緊の課題でした。しかし、Safety First活動に相当する活動が未だ提唱されていなかったことから、先に紹介した石炭の採炭量あたりの死傷者数を例にして炭坑事故の防止活動を見直す必要があると指摘し、Safety First活動を産業の発展に伴い官産挙げて取り組まなければならない活動であると述べています。

わが国を牽引していた行政府の高官で欧米を視察した人は多くいますが、内田のこの文明史の視点からの高い感受性に基づく行政官としての施策の発見と実践力から多くを学びます。一つは、安全活動を国として必要な活動として省間の固い厚い壁を超えて担当の農商務省の協力を得て実践したことが挙げられます。二つ目は、内田は安全第一協会を設立させた一九一七年三月に逓信省次官に昇任していて激務であったと推察されますが、安全第一協会の設立業務を急務と考え、視察報告から一年も経ないで発足させています。担当の農商務省や産業界の支援があったとはいえ、選任を急いだ安全第一協会の役員（理事職）には、内田人脈といわれた大学の先輩で行政官でもあった弁護士の中松盛男、逓信省の同僚・井村大吉、東祐忠、台湾総督府勤務時代の同僚・伊それに安全活動への賛同企業であった東京電気の蒲生俊文と足尾銅山の小島甚太郎の五名（発足時の理事数は六名）が、いずれも管理職として多忙な本来業務を抱える中、名を連ねています。日頃の交遊の広さと高い指導力を窺い知ることができます。内田が文明史論的に、また国

【写真２－１】内田嘉吉
（千代田区立日比谷図書文化館
「内田嘉吉文庫」蔵）

際的に素晴らしい感性を身に付けていたことは、内田が国内外で収集した蔵書、約一万六、〇〇〇冊※注①からも窺い知ることができます（**写真2—1**参照）。

※注① 内田嘉吉文庫として、日比谷図書文化館4階の常設文庫となっていて閲覧できます。通信、海事、産業、軍事から歴史地理、政治経済、自然科学、思想、教育、文学等広い分野に亘った七〇％以上が外国語図書で占められていて、これらの蔵書から明治・大正時代の国内外の様子を俯瞰できそうです。

3 内田嘉吉 著『安全第一』から学ぶ（附1、安全啓発書「安全第一」を読む参照）

(1) 安全であるために

内田は最初に「安全」の語源を説き、それを基に社会が「安全」である状態を定義し、安全第一主義は社会生活に必要な主義であること、安全な状態は人間の脳を活性化させた状態でしか維持できないこと、この安全な状態を維持することは人間としての義務である、として次の三つの視点からの注意を怠らないように実践することを薦めています。

①自分に対する注意

②他人に対する注意
③物に対する注意
後述の現代語訳の章で紹介されている、脳が人間の〝運転手〟であることを自覚し、常に脳を活性化した状態に保つためにとの諸手法は現在重要視されている安全意識の内在化の手法としても参考になります。

(2) 現在の安全活動にすぐ活用できること

鉱山、鉄道・海運および工場など内田が関心を持った分野に関する米国でのSafety First活動の具体的な事例と当時の日本の比較の項があります。産業安全の視点から、そのまま現在でも通用する施策もあることに気が付かされます。特に「姑息なる日本の工業界」に挙げられている四つの事象は、今日でも時々顕われ、課題と感じます。

安全スローガンが一〇〇近く掲載されていますが、マンネリ化防止にそのまま掲げても違和感を感じさせないものが多くあります。善悪の二元論による問答式の事例も活用できる現場があるのではと感じます。「社会生活と理想の道路」「都市より郊外へ」など工業化と文明が進むにつれて変化する生活の視点からの安全施策も文明史の視点から参考になります。

(3) 事故の防止研究の進め方

「安全博物館設置の急務」の項では、今日では当たり前になっている事故や災害の発生件数を定量的に把握すること、事故や災害等の発生原因を科学的に究明することと事故を予防するための技術的側面からの研究、それら研究成果を基にした安全教育の実施の必要性を述べています。これらの多くは、左記の安全第一協会の事業として引き継がれています。

①安全第一に関する雑誌や図書の刊行や出版とそれらを活用した講演会の開催
②災害に関する統計を調整すること
③災害予防の装置に関する研究をすること
④安全第一に関する博物館を設けること

最後の④の博物館の設立は財政的に困難であったことから、化学工業展覧会（一九一七年）で「安全装置の出品」コーナーを設ける、「災害防止展覧会」（一九一九年）等の展覧会の開催等を経て、一九四三年厚生省産業安全研究所付属産業安全参考館（現在の独立行政法人 労働者健康安全機構労働安全衛生総合研究所の前身）として実現します。

すぐには実現できない活動を含め、〝来る工業化〟時代に対応した事故や災害の未然防止活動の必要性を説き、変貌する社会生活を営む上での新たな安全への取り組み方法を提案し、結果としてその後の国の施策へと繋がった内田達の取り組み姿勢に学ぶ点が多いと感じます。

4　蒲生俊文の「安全第一」活動から学ぶ

(1)　蒲生俊文の略歴

蒲生俊文は（写真2―2参照）一九〇七年東京帝国大学法科を卒業後、大蔵省へ入省しますが、一九一一年に当時、白熱電燈の生産で急成長していた現在の東芝に発展した東京電気※注②に転職します。一九一四年の庶務課長時代に蒲生が安全運動に生涯をかけることになる感電事故が発生しました。一九一七年内田嘉吉らと共に、安全第一協会を設立し理事に就任、一九二三年東京電気を退社し、当時、産業安全を所管していた内務省社会局の嘱託となり、一九二五年社会局の外郭団体として設立された産業福利協会※注③で産業安全運動に携わります。一九四一年産業福利協会の流れを引き継いだ大日本産業報国会の安全部長に就任しますが、戦後、大日本産業報国会の要職であったことから公職追放となり、民間人として産業安全衛生活動を続け、一九五〇年労働大臣功労賞、

【写真２－２】蒲生俊文

一九五七年藍綬褒章、一九六四年勲二等瑞宝章を受章し、一九六六年83歳で死去した際に正四位を贈られています。

※注② 東京電気：一八七五年東京・銀座に「からくり儀右衛門」と知られていた田中久重が電信機工場を興したのが現在の東芝の源です。一八九〇年に合資会社白熱舎を創設し、日本で最初の一般家庭向けの白熱電球の生産を開始。この白熱電球は市場を独占し、白熱舎はその後、一八九六年に東京白熱電燈球製造、一八九九年に東京電気へと社名を変更し、発展していきます。一九三九年に二代目 田中久重が設立した重電メーカーの芝浦製作所と弱電メーカーであった東京電気が合併して東京芝浦電気が誕生し、今日の総合電機メーカー・東芝へと発展します。

※注③ 産業福利協会：工場法の円満な施行を支援し、工場における災害を予防し、その他衛生の改善、福利施設の奨励助長を目的として設立されました。

(2) 東京電気時代の蒲生の安全活動

前記のように庶務課長として勤務していた一九一四年に感電死亡事故に遭遇し、亡くなった夫の前で泣き崩れる未亡人を見て大きなショックを受けました。この事故を契機に安全運動の大切さを実感し、自ら工場内で安全活動を始めます。具体的には、工場巡視、安全標識の掲示、社内報を通じた安全情報の提供、簡単な安全装置の設置等です。安全に関する情報の共有と安全に関する意識改革、そして設備による安全対策の実施、との考えは、現在の安全に関する活動と同じです。しかし、当時はまだ作業者に安全に関する意識が乏しく、当時の蒲生の安全活動は「アラ探し」と呼ばれて、工場内ではまったく評価されませんでした。そこで、一九一五年に個人の活動には限界があることを感じ、工場幹部、技師、社外の心理学者で構成する安全委員会を組織します。これがわが国初の安全委員会の誕生です。

社内でこのような活動を展開する中で、他方、社会的には、前項で紹介した内田嘉吉がSafety First活動を日本へ導入しようとしていることを知り、上司の新荘吉生（後に東京電気の社長に昇任）の理解の下で、「安全第一協会」設立に参加します。この協会は〝文明の進展に伴う危害を防ぎ、人命・財産を安全に確保すること〟を「安全第一主義」と定義し、その普及を図り、社会の幸福を増進することを目的に活動します。現在求められている安全文化醸成の源の活動とみなすことができます。

(3)　蒲生の安全活動の特徴

蒲生が一私企業の庶務課長であるにもかかわらず、なぜここまで社会的に大きな安全活動を行うことが可能であったのか。事故当時、東京電気の工業部長は新荘で、一九一九年に東京電気の社長に昇任します。新荘は、蒲生が行っていた安全活動を理解し支援します。新荘自身、安全第一主義を良く理解した進歩的な経営者として「社員の生活の最低限度の補償なくして、心を込め、かつ注意深く優秀な製品を作れと言っても、それは求める方が無理」と考え、最低生活保障の基礎資料を作成し、社員の生活基盤の充実を重要課題と考え、会社運営を行っています。こうした安全活動に理解ある上司の下であったから、蒲生は社内だけではなく社外でも様々な安全活動を展開できたと考えます。

安全活動は一人ではできない、安全施策を推進するという経営トップの方針とそれを遂行する意志を持った社員がそろって初めて安全活動は成果が得られるという、安全活動の基本的な推進方法が、一〇〇年前に実践されていたことから学ぶことは多いようです。新荘は一九二一年三月、49歳の若さで病死し、蒲生は一九二三年に東京電気を退社します。

(4) 蒲生の産業安全活動から学ぶ

蒲生が実践した中間管理職としての安全管理手法は、現場の労働者の意識を改革して、現場の労働者自らが自主管理を行い、災害を防止しようとするボトムアップ型と、経営トップの協力を得ながら自主的に現場の安全を管理するトップダウン型を上手く融合させようとしたことに特徴があります。ボトムアップ型とは、労働者が不安全行動をしないように徹底した教育・訓練を行い、現場力を高めながら災害を防止する手法で、トップダウン型とは、労働者は人であり、人は誤りをするものであるとの考え方に基づく安全対策に重点を置く、災害防止手法であると言えます。今日、多くの職場で見られる活動法です。

これから日本で実践される安全管理として、単に海外からの安全管理手法を取り入れるだけではなく、日本の強みであるボトムアップ型とトップダウン型を融合させたマネジメントシステム手法の積極的な活用も有用であると考えます。

5　官営八幡製鐵所（注④）の安全第一活動から学ぶ

(1)　官営八幡製鐵所（現　新日鉄住金八幡製鉄所）の概要

八幡製鐵所は、一九〇一年、現在の福岡県北九州市八幡東区で一八九六年に発布された製鉄所官制に基づき操業を開始しています（**写真2−3参照**）。一九〇五年の生産量は銑鉄九万トン、鋼材七万トン。操業時の一九〇二年末の従業員数は、四、六八二人で、一九二三年には約三万五、〇〇〇人に急増しています。第１期拡張期（一九〇六〜一九〇九年）、第２期拡張期（一九一一〜一九一六年）と増設を続け、一九一六年は銑鉄三〇万トン、鋼材六五万トンの生産目標を掲げていました。災害件数は不明ですが、死亡者数は、一九〇一年七人、従業員が約三万五、〇〇〇人となった一九二三年には、死亡者数は三〇人、休業件数三、一二九件、災害件数二万三、六四二件と記録さ

【写真２−３】操業開始時の八幡製鐵所
（金子 毅『八幡製鉄所・職工たちの社会誌』2003 草風館口絵写真より）

れています。

※注④　旧漢字を用いるのは、八幡製鐵所と正式に表記されたときだけとします。

(2)　産業安全活動の模範事業所――官営八幡製鐵所の産業安全活動

国家政策との連動の下で、戦前・戦中・戦後・高度経済成長期に至るまで一貫して産業界の牽引役を果たした八幡製鐵所を一〇〇年前の模範企業の事例として考察します。用いた史料は、戦前・戦中までに関しては社内報『くろがね』(一九一九年創刊)を、戦後・高度経済成長期に関しては機関誌『緑十字』(一九四六〜一九六三年)等です。それらには、官営期と民営期に共通して見出される国家政策との連動の下で展開された安全活動を通じて再編成された「家庭」の姿が投影されています。

(ア)　官営期――家庭への包摂

製鉄所の操業は周知の通り一九〇一年に遡りますが、安全問題は日露戦争後の増産に伴う死亡災害の急増とこれを契機に発生した労働運動の高まりを背景に深刻な課題として浮上します。

一九一九年には製鉄病院(一九〇〇年設置、二〇一一年より現「社会医療法人・製鉄八幡記念病院」)による被災者の記録が認められます。社内報『くろがね』には一九二〇年に「止れ!見よ!聞けよ!」の米国鉄道の標識の事例紹介と共に標語「安全第一」が取り上げられ、安全活動に関する記事「如何にして危害を防ぐか」が掲載されています。また、同年より国家目標としての生産貫徹に向けて勤勉の徹底が説かれ、後に安全活動の基盤と目される団欒ある家庭の実現が喧伝されました。

その三年後、安全活動は労務部所管となり、政官財界と連携して取り進められます。一九二七年の内田嘉吉の『安全第一』の引用による記事「馴れた後の注意が肝要」の掲載や、同年以降、内務省社会局および産業福利協会の主導で一道三府二十一県が参加して始まった「全国安全週間」を機に「安全週」が制度化され、工場内の安全運動は成果を挙げはじめます。設備改善や安全委員の選任といった面での充実が図られる一方で、従業員の家族にも、安全運動の〝負担〟を促すため、「災害防止映画会」や「安全紙芝居」等を通じた啓発活動も奨励されました。つまり、安全活動の内在化を意図した活動も展開されました。しかし、この時点では、職場生活での安全確保に向けた家族を動員しての「家庭安全」には至り得ませんでした。

安全文化の心への内在化は、軍需生産に向けて日本製鐵が設立（一九三四年）され、翌一九三五年の「安全競争」、さらに総力戦体制下での「職場常会五人組」（一九四一年）の制度化を待たねばなりませんでした。即ち、安全は、「家庭」を媒介とし職場を連結する会社主義、広い意味での集団主義の施策として、戦時活動時に結実します。

(イ)　民営期－再燃する「家庭安全」

終戦翌年には早くも、安全競争の復活と共に社宅を対象に「家庭安全」が試みられています。安全課員（安全課は一九四二年に設立）の叩く拍子木に集まった子供達に漫画入りの安全パンフレットを配布し、一緒に童謡を歌ったり、「安全口演童話」や「安全紙芝居」を催し、これを熱心に見入る子供達の後で主婦達が安全パンフレットを開く等の光景が見られたといいます。

また、国策との連動のもとに合理化計画が相次いで策定され、安全課が労働部に移管されたこと（一九五二年）に伴い、一家団欒の象徴としての家庭との強固な連結を中核に据える安全活動が会社主義のもとで再開されていきます。一九五七年以降には、教育部との連携のもとで、儒教倫理に基づき愛社心の育成を図るべく、社内教育においても実施されることとなりました。無災害記録が相次ぎ、労働大臣からの表彰が複数回に及んだことから一九六〇年代に「安全の八幡」と呼称されるようになったのは、その成果と言われています。

職場では、相互責任による安全の確保を目的として戦前の五人組を模した「安全仲間」による安全活動が実践され、安全週間には家族を招待する「工場見学」に続き、妻達を対象とする「安全座談会」が開かれ、夫婦喧嘩を題材に盛んな討議がなされていきます。一方、社宅や地域の公民館では、「主婦との安全懇談会」や安全課長らを講師として「安全講話と映画の夕べ」が催されました。また、子供達に対しては、学校教育の場を通じて労働省による「懸賞作文」が課されました。かくして「良い家庭こそ安全の母体」というスローガンのもとに家庭を軸に安全活動は職場のみならず地域をも連結させていくことになりました。

(ウ)　官営八幡製鐵所の安全活動から学ぶこと ― 家庭安全の終焉

八幡製鐵所の安全活動とは、官営・民営を貫き国策に連動しつつ、地域・職場を家庭のもとに再編成する会社主義の具現化を意図したものとの見方もできます。しかし、世界規模での厳しい経済競争を勝ち抜くための合理化策は、同時に従業員の地域間移動を加速化させ、鉄の団結を誇った地域社会をも解体させました。これと歩調を合わせるように次第に「家庭安全」に関する記事も紙面には見出せなくなりました。換言すれば、およそ一〇〇年前に製鉄所が着想した家庭を主眼とする安全活動は、国策には連動しましたが、従業員を取り巻く現状には既に即さないものとなっていました。従って、「家庭安全」は従業員の心への内在化に至らぬまま終焉を迎えたと言えます。

《参考・引用文献》

(1)　安全第一に学ぶ会「内田嘉吉『安全第一』を読む」大空社（二〇一三年）
(2)　内田嘉吉「安全第一」丁未出版社（一九一七年）
(3)　内田嘉吉「南米視察談」帝国鉄道協会会報第17巻第9号抜粋（一九一六年）
(4)　内田嘉吉「安全第一協会設立の大急務」八月十五日号　19頁　実業之友（一九一六年）
(5)　内田嘉吉「更に安全第一の必要を宣明す」十二月十五日号　9頁　実業之友（一九一六年）
(6)　堀口良一「安全第一の誕生〜安全運動の社会史」不二出版（二〇一一年）

(7) 中央労働災害防止協会編「安全衛生運動史」中央労働災害防止協会（二〇一一年）
(8) Science of Factory Management　蒲生俊文手稿
(9) 八幡製鉄「資料　安全編」八幡製鉄所の安全運動史のデッサンを試みた際に作成　（独法）労働安全衛生総合研究所　所蔵（一九六三年一一月）
(10) 市川二獅雄、「八幡製鉄所における安全運動の歩み①〜⑧」、安全14―4〜11（一九六三年）
(11) 金子　毅「『安全第一』理念をめぐる日本文化論的研究」博士学位論文〈九州大学〉（二〇一〇年）
(12) 須永忠編「志摩海夫　人生と作品」中巻（私家版）（二〇〇一年）
(13) 藤原弘幸「安全紙芝居と安全映画」製鉄文化No.123、新日本製鉄八幡製鉄所労働部厚生課（一九七三年）
(14) 八幡製鐵所所史編さん実行委員会「八幡製鐵所八十年史　部門史」下巻（一九八〇年）

COLUMN 2

内田嘉吉の「安全第一」運動には異論者も多かった（？）

内田が「安全第一」運動を日本に導入したいと提唱したとき、世の中に異論を唱えた人が多かったようです。

安全啓発書『安全第一』の「はしがき」に「…世間ややもすると、この主義（筆者注：安全第一のこと）を消極的なもののように解釈するのであるが、事実この主義は引込思案のものでなく、極めて積極的なものであって…」とわざわざ記載していること、最後の項「安全第一の真意義」の冒頭「世人は＜安全第一＞について誤解しておるように思う。故にその大体の趣旨を述べて誤解をとくことにする。･･･」ことから推察されるように、各方面からの反対論者が多かったようです。

内田が『実業之友』1916年12月15日号で「更に安全第一の必要性を宣明す」と題した論文の第２章の「反対論者の誤解」の書き出しは次のようになっています。

「近来安全第一について反対の意見を述ぶる者あり。現に実業之友紙上に掲げられてあった意見の如きは謹聴すべき教えである。また余が平素尊敬しつつある方々に於いても批評を加えられた向きもあり、感謝に堪えない訳であるが、多くは要点を誤って居る。即ち多くは余が安全第一を唱ふる趣旨を誤解して居らるる様である。…」

安全第一活動を“命をそまつにしない、大事にしよう！”という活動で、時勢に適しない運動と受け取った側、例えば、安全への経営資源の新たな投入という課題が重くのしかかる工場主等の経営者層、積極的に展開していた南方諸国への移民政策の推進層、更に日清・日露戦争で死傷した家族や軍人層等の層からの異論があったと推察されます。上記12月15日号では、内田が、安全第一を必要とする分野をわざわざ「必要なるは衛生と工場」と項を設け、その理由を詳述していることからも推察できます。

「安全第一」活動の船出は順風ではなかったようです。　(K. N)

第３章

「安全専一」活動から学ぶ

1　はじめに

「安全専一」活動は、小田川全之が一九一一年十二月、第一〇代足尾鉱業所長に昇任して、米国で広まり始めていた「Safety First」というキャンペーン用語を「安全第一」と訳すことも検討しましたが、「安全専一」と訳出し開始した安全活動です。

一九一五年六月に病で所長職を辞するまでの三年半に行った「安全専一」活動の中の次の三つの施策
①一九一二年に「安全専一」と記された琺瑯挽きの大きな啓発看板を掲げたこと
②一九一三年五月に日本で初めてといわれている所内報『鑛夫之友』を創刊し、「安全専一」活動の重要性を繰り返し述べていること
③一九一五年一月に『鑛夫之友』第二一号の付録として鉱夫全員に保安心得書『安全専一』を作成し配布したこと
をどういう経営環境の中で推進したか、を通して今日の安全活動を推進する上でのヒントを提供します。

2　足尾銅山の概要

(1)　小田川が足尾鉱業所長に就く頃までの足尾銅山

足尾銅山は、一五五〇年（天文一九年）に発見され、一六一〇年には幕府直営の銅山となります。一六八四年には一、五〇〇トンを産銅し、海外にも輸出するまで多量の採鉱が行われますが、次第に産銅量が減少し一八一七年には休止状態となります。一八七七年、鉱山業で実績を持っていた古河市兵衛は誰しもが廃鉱同然とみなしていたこの山には、まだ良質な鉱床が必ずあると見極め買収し、開坑します。以降、古河は近代的な手法により鉱源の開発に努め、一八八一年に鷹ノ巣、一八八四年に横間歩という富裕な鉱床を相次いで発見し、東洋一の銅山にします。買収した一八七七年の産銅量は四七トンでしたが、小田川が鉱業所長に就いた翌年の一九一二年に初めて一万トンを超えます。また年間最大産銅量一万五、七三五トンを記録したのは小田川が鉱業所長を辞した翌年の一九一七年です。

この急激な発展過程で一八九六年には渡良瀬川の氾濫で鉱毒事件が起き、また一九〇七年には鉱夫達による労働条件改善を求めた暴動が勃発します。この鎮圧のために軍隊が出動するという事態を招きます。鉱毒問題では、下流域の村からの強い改善要望があり、国より五回にわたる予防工事命令が出されたのに対し、古河は先行の新潟・草倉鉱山等の開発で培った多くの先進保有技術と知恵を活用し、率先垂範して町民一体化した組織で昼夜対応し、松木村の廃村という方法で解決します。労働争議は、一九〇五年四月から古河鉱業株式会社という近代化体制の中で、三代目社長古河虎之助が対応しています。

(2) 鉱業所内の体制

記録に残っている小田川の二代前の第八代所長近藤陸三郎（在任期間：一九〇七年二月〜一九〇九年三月、なお、近藤は第六代所長〈同：一八九七年〜一九〇三年十月〉も務めた）時の体制を紹介します。足尾鉱業所には、所長、副所長、課長、係長等七〇〇余名の所員の下に二万人余りの鉱夫が働いていました。枢要な職位には各々専門家が採用されています。所長の近藤陸三郎は工部大学校（鉱山科）卒で古河家に払い下げられた工部省管轄の院内銀山と阿仁銅山に勤務した経歴の持ち主です。副所長の井上公二（慶應義塾卒）は後任の九代目所長となります。主坑場の通洞坑長は工学士の小島甚太郎で、小島は一九一四年採鉱課長として米国視察中「Safety First」という言葉が流行していると、所長の小田川に報告しています。小島は古河鉱業の代表として安全第一協会発足時に理事に就任します。庶務課長は法学士、医局長は医学士、調度課技師は林学士等スペシャリストとしての高度な教育を受けたエリート達が起用されていて、第1章第4項で記した近代日本の知性を担った世代で構成されていました。小田川はこれらのスタッフと一緒に創造的な鉱業所運営を企画し推進したと推察されます。

(3) 小田川全之の略歴

小田川は、工部大学校在学中に基督教を信仰し一八八一年洗礼を受けています。工部大学校で土木工学を学んだ後、父一彦の赴任先の前橋に赴き、群馬県庁に奉職。群馬県庁に奉職中に古河市兵衛の目に留まり、一八九〇年、官を辞して古河家に入社します。なお、小田川は古河家へ入る前年の一八八九年、市兵衛の支援で近藤陸三郎と米国に渡り、鉱工業・土木技術および経営状況を調査しています。入社後、小田川は主に院内銀山、足尾銅山等の土木事務所に勤務し、足尾銅山鉱毒問題が勃発した際には、その予防工事に従事します。足尾銅山工作課長となり、一九〇三年より数年間、欧米を視察しますが、一九〇四年には古河市兵衛の息子で三代目を継ぐ虎之助（当時一七歳）が米国コロンビア大学予備校のホレスマン・スクールに留学する際、市兵衛から語学堪能、米国情勢に精通していたとして、教育担当役を託されます（**写真3―1**参照）。一九一一年十二月に足尾鉱業所長に昇任し、一九一三年には古河合名会社理事に、一九一二年二月には「米国鉱業技術者協会終身会員」になっています。一九一六年足尾鉱業所長を辞し、直系傍系会社を管掌する専務に就いてからは古河銀行、足尾鐵道会社等の重役も兼務

【写真3－1】
小田川全之（左）と古河虎之助（右）
（小田川清 所蔵）

し、一九三三年七三歳で生涯を終えます。小田川は、所内報他で資性温厚、人格高潔にして、信仰に活き、情誼に厚く、国内は無論、米国を含む海外にも知己が多かったと語り継がれています。

3　一九一一年十二月時点の鉱業所を取り巻く環境

前記のように小田川は一九一一年十二月に鉱業所長に昇任します。社長は第三代虎之助で、当時の鉱業所は翌年の産銅量が初めて一万トンを超えていることから、急速に近代化を進め、大型機械や独自に開発した装置等で施設を整備、増強していたと推察されます。また同年は工場法が公布されていて、経営者には労働災害の防止に関し新たな施策が求められた年です。新しい設備が増え、分業化、新規採用の所員が急増する中で無事故・無災害による銅を産出するための鉱業所運営が強く求められていたと推定されます。

小田川は鉱毒事件のときにはその予防工事に直接従事したこと、またその四年後の鉱夫による労働条件向上を求めた暴動事件では管理職の立場で対応したこと、さらに工場法が公布された年である等を勘案して、環境問題や事故や災害の無い職場環境下で産銅量を増やす運営方法は何かを検討します。その結果、前記第1項で記した三つの施策は、以下のような組織運営を目指した具体策と推察されます。

「無事故・無災害で鉱業所に課せられた産銅量の目標を達成するために鉱業所長の考えていることを良いコミュニケーションの下で所員に伝え続け、所員が目標の産銅量を達成できるよう、業務遂行力を身に付ける教育の仕組みを導入し、鉱業所を運営する。」

4 「安全専一」活動

(1) キーワード「安全専一」の誕生

小田川が提唱した「安全専一」という言葉が、どのような検討の下で訳出されたかについて、小田川は安全第一協会発足時の記念講演（一九一七年四月）で述べています。

(ア) 経営の視点

亜米利加では単に此のセーフチー・フォルストばかりではございませぬ、すべてのことにフォルスト（第一）又はラーヂェスト（最大）を付ける風ですが、私も経費の節約を唱え第一着に経済にやらなくちゃならぬと云うことを事業上言ったことがございます、即ち「経済専一」又は「節約専一」と申した事も御座います。田舎では昔から門口に「倹約」という札を貼っておきました、ああ云う事に関して亜米利加の如きはエコノミー・フォルストという文字が出来ました。それから又第一に能率を高めてやらなくちゃいけないという場合にはエッフィンエンシー・フォルストと申します。そういうようなこともありまして種々に事に「フォルスト」即ち第一を付けて居ります。そうしてセーフチー・フォルストということも段々分かり易くなって参りました。以下略

(ｲ)　従業員の視点

米国の友人からの情報によると、当時　安全第一 Safety First という言葉がポツポツとでてきたこのことを、我が国で「安全第一」と言葉で申しましたところ分からぬと思ったので、私は大正二年のころには唯それを「安全主義」、「安全本位」という様な事で話をした。（中略）私は日本語として「安全第一」というより「安全専一」の方が分かり易いので、足尾ではその頃は「安全専一」と唱えて、鉱業業及び工業に関係する処の要点をかき集めて大正四年一月発行の『鑛夫之友』の付録で『安全専一』という表題の百頁ばかりの小冊子を作り労働者各自に配布した。（前略）昔からよく「安全」という熟語は我が国では国家安全、家内安全、往来安全、旅行安全、一路安全、航海安全とか云う文字があります。（中略）このような之は東西を問わず昔も今もある言葉です。米国の様に極簡単な手っ取り早い処のセーフチー・フォルストと云う文字で、今日総ての人が了解し、意味の分かるようになりましたのは誠に結構なことでございます。以下略

Safety First をそのまま訳すと「安全第一」となるが、経営の立場では、収益向上とか経費節減を徹底

して推進する際に「経済専一」又は「節約専一」という用語を用いていたことと鉱業所の職員には「安全専一」の方が理解しやすい、と熟慮したと述べている点に小田川の経営姿勢そのものが感じられます。

(2) 目に見える珐瑯挽き安全啓発看板「安全専一」の設置

所長に就任して最初に行った施策は「安全専一」という看板を掲げたことです。内田は、著書『安全第一』の中で「アメリカ社会では新しい活動であるSafety First活動の精神を多数の人に周知させる方法として、電車や車の昇降口や鉄道の踏切、工場等の屋根等にことさら目立つようにSafety Firstという文字を掲げて衆人の注意を呼び起こしている」と記していますが、欧米の鉱業所を多く見ている小田川も所員の安全を図るために「安全専一」という珐瑯挽き看板を抗口や工場の作業場に掲げます。この看板は耐酸性と耐粉塵の視点から珐瑯挽きで縦約二四センチメートル、幅約四五センチメートルです（**写真3—2**参照）。

【写真3－2】安全啓発看板「安全専一」

(3) 所内報『鑛夫之友』の創刊

(ア) 小田川の所内報『鑛夫之友』への思い

無事故・無災害で鉱業所に課せられた産銅量の目標を達成することを二万人余の所員にどう周知させる

か、の検討には時間がかかったようです。現在では、社内報は家族と共に意思疎通を深めることに有効であるとの考えに基づき、社員自身や社員の家庭へ配布することは珍しい事ではありません。第2章5項で紹介した官営八幡製鐵所では一九一九年九月に社内報『くろがね』を月二回配布し始めていますが、その六年前に小田川は所内報を創刊します。所内報にどのような思いを込めていたか、小田川の創刊号の以下の発刊の挨拶が堅苦しい文言が一切なく、所員目線で話しかけている姿勢から家族と共に意思疎通を深めたい、との強い思いを感じます。所員とコミュニケーションを図ることが鉱業所運営で最も重要な事柄であることを鉱毒事件や労働争議の体験を基に認識した鉱業所長の率先垂範行動であったと感じます（**写真3－3**参照）。

「本月から毎月一回ずつ『鑛夫之友』と題する雑誌を発行して、此山《このやま》の労働者諸君に無代《ただ》で配って上げることにいたしました。この雑誌を鉱業所が拵えるに至りました趣意はいろいろありますが、つづめて申せば、稼人《かにん》諸君に利益と慰安とを興えたいという考えに外ならぬのであります。これに載せることは諸君が御覧になればわかる事であるから、詳しく述べる必要はないがつまり諸君の為にもなりまた面白くもあり、例えば

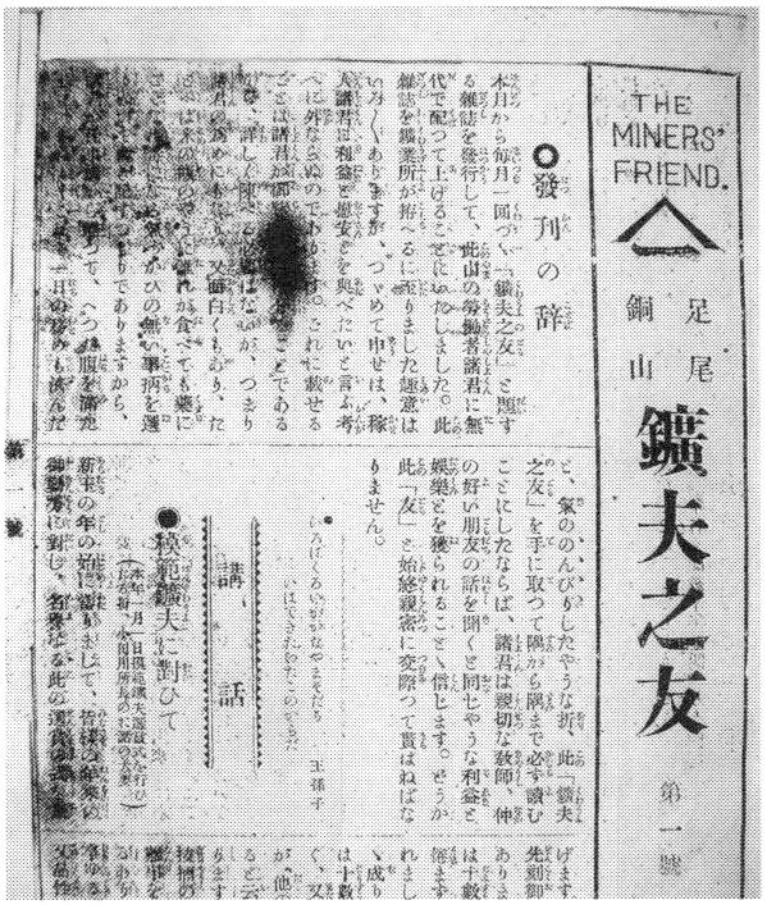
THE MINERS' FRIEND.
足尾銅山
鑛夫之友
第一號
○發刊の辭
講話

【写真３－３】
『鑛夫之友』創刊号（部分）
（東京大学図書館にて複写）

米の飯のように誰が食べても薬にこそなれ、毒になる気づかいのない事柄を選り抜いて書き記すつもりでありますから、諸君が仕事場から帰って腹を満たしてやれやれこれで一日の務めも済んだ、気がのんびりしたような折、この『鑛夫之友』を手に取って隅から隅まで必ず読むことにしたならば、諸君は親切な教師、仲の良い朋友《ともだち》の話を聞くと同じような利益と娯楽《たのしみ》とを獲られることと信じます。どうかこの「友」と始終親密に交際《つきあ》ってもらわなければなりません。」

(イ) 所内報の目指したこと

『鑛夫之友』は経営側の考え方と日々の生活で役に立つ情報を提供すると共に、鉱夫の想いを「投稿」という欄で吸い上げ、それに回答することで経営側と鉱夫・家族との意思疎通を深耕させています。第三三四号、一九四二年四月までの約三〇年間継続して発行されている紙面の構成から、現在のCSRレポートに通じていると感じる経営側の考え方を見ることができます。**図3—1**は、『鑛夫之友』全三三四冊の内三三一冊を精読し、膨大な記事から「事業者=経営者の意図」と「鉱夫=従業員の想い」に関連した言葉でマッピングしたものですが、幾つか例を挙げますと、現在のCSR活動の主題である項目に通じていることに気が付きます。

①創業者古河市兵衛の決意や偉業を継続して掲載している「社是・理念」で括った項は「組織統治」の主題に通じます。

②人口三万人の鉱山都市として必要な施設の他、道路・鉄橋整備、電気、電話、ガソリンカー等　様々

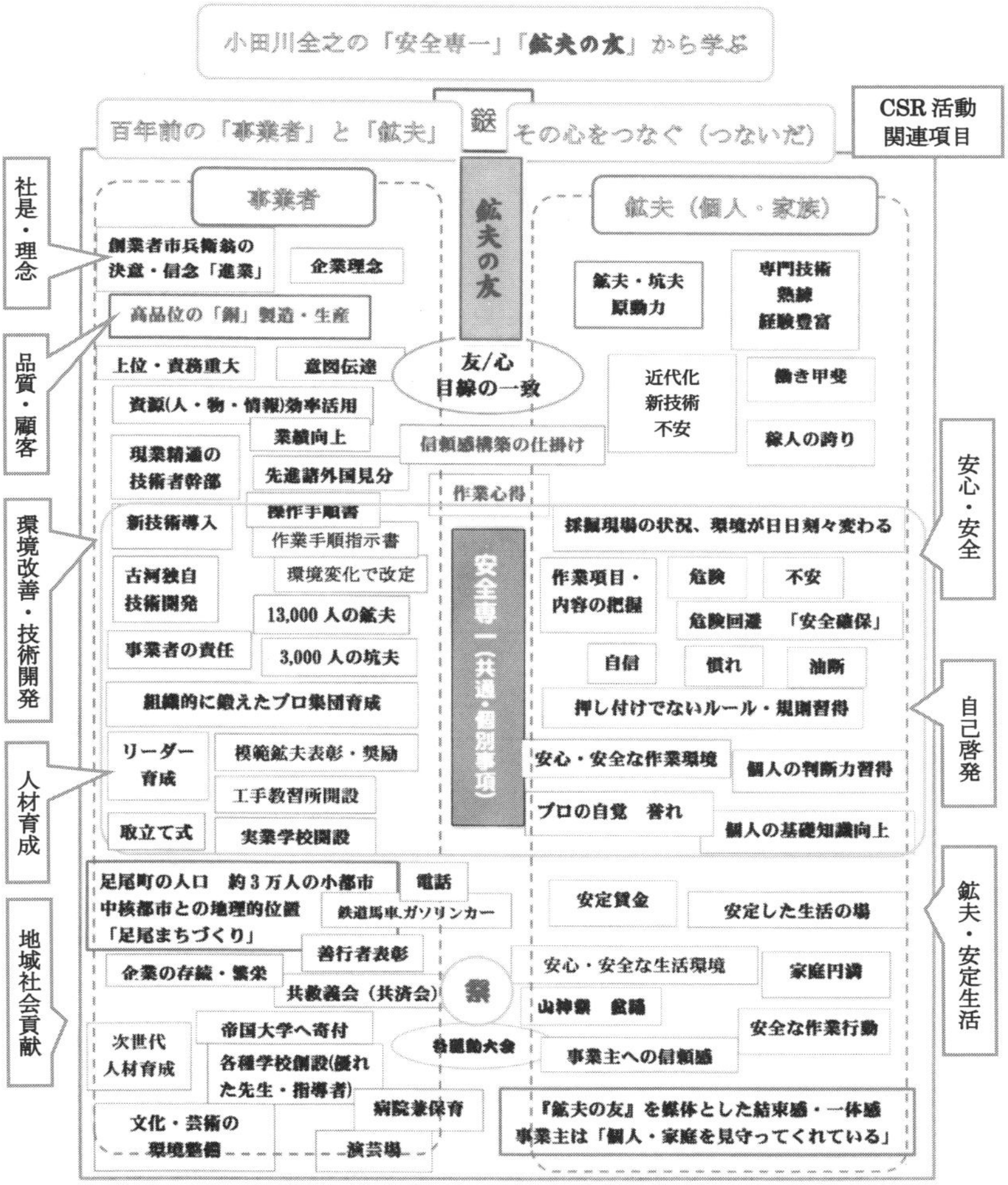

【図３－１】『鑛夫之友』の構成概念

な鉱山技術を転用した「地域社会貢献」で括った項は、「コミュニティへの参画とコミュニティの発展」の主題に通じます。

③「安全・安心」、「人材育成」、「自己啓発」で括った項は「労働慣行」の主題に通じます。

小田川をはじめ、歴代の鉱業所長は、社内報を通じ、従業員と地域住民というステークホルダーに対し現在のCSR活動に通じる経営を目指していたと推察できます。『鑛夫之友』は創刊時から二年間程度は一〇頁で約一万三、〇〇〇人に配布されたほか、国内では東京帝国大学等の各帝国大学総長、政治家、実業家、鉱山関係者諸学校に、海外では小田川の友人にも届けられていました。なお、ページ数はその後は増加し、最大時は九二ページにも膨らみます。最終号は三〇数ページであったと記されています。全三三四冊の内三三一冊を精読し、長期にわたって継続して発行するための視点からも学ぶべき数々の跡を感じます。

(4) 『鑛夫之友』第二一号の付録として保安心得書『安全専一』を配布

年間一万トンの産銅に約一万人の新人からベテランまでの労働者が携わっており、労働者の技術水準をある一定のレベル以上に維持するための施策が求められていました。その一環として安全に関する作業マニュアル書を保安心得書『安全専一』と題して『鑛夫之友』創刊から一年半後の第二一号（一九一五年一月発行）の付録で全鉱夫に配布します（**本書の附録２**参照）。

この冊子は適宜改定されますが、各巻頭には小田川の意図が示された「はしがき」が原文で記載されています。この「はしがき」は全て朱書です。これは読者へ「はしがき」は心して読むようにと意図したと推察しています。また改定当時、時の発行責任者であった副所長の言葉で「この冊子は、本当に誰でも読めばごく当たり前のことが記載されているが、これは先人の多くの犠牲と、智慧の結集であり、このことを確りと肝に銘じ実行することにより、自分の命を守り、敷いては会社の為、家族の為になる」とも添え書きがしてあります。

小田川が鉱夫達へ伝えたい「はしがき」には作業安全の基本的な事項がしっかりと記されています。原文は附録2を見て頂くこととして、特に強調したい点を以下に記します。

「坑内作業の危険性の排除心構え」を当時、男が家を一歩外に出れば七人の敵が居るといわれていた七人の敵に見立てて、「地震」「雷」「火事」「親父」に「風」「水」「自分」の三つを加えて説いています。「地震」を落盤・崩壊に、「雷」を感電、「火事」はそのまま、「親父」を上司の指導、坑内特有作業の「風」を圧搾機、削岩機、「水」を坑内の出水、そして最後は「自分」―これは誰にも頼れない、すなわち、外的危険要因に関する敵である「地震」から「水」までは技術力、組織力で減災させる方策をとれることもあるが、「自分」だけは自身の「注意力」を高揚させることでのみ減災させることと強調しています。

この「はしがき」、「総体の心得」に次ぎ、各作業毎、「採鉱」「製煉」「電気」「機械」「土木」「運搬」「林業」「導火製造」の順に約三〇〇項目に亘って安全に作業を進める上での心得が記述されています。

作業者への共通事項として書かれている「総体の心得」を紹介します。

一　酒を飲んで仕事場に出てはならない

一　仕事服は洋服、法被、その他、体にピッタリと密着する物を着なければならない

一　仕事中に脇見、居眠り、雑談などをしてはならない

一　すべての機械は故障のないことを確めた上で使いなさい

一　大勢同じ場所に集まって仕事をする時には相互に気を付けて混雑を避けなければならない

一　どんな場所にいても火の用心ということを忘れてはならない…略…

一　自分の取り扱うべきでない機械や器具にみだりに触ってはならない

一　変事（異常）があった時、または危険を認めた時には、すぐに係員に知らせなさい

一　休日の翌日にはとかく疎漏がちで負傷が多いから、ウッカリして過失をしないよう、よく気を付けなければならない

以上の心得をつばめていえば、つまり「常に気を確かに持って、よく万事に心を配る」ということであるから、この一言を忘れてはならない

今日の安全指示事項と変わらない言葉が多くみられ、一〇〇年前の言葉とは思えません。産業界に従事

する者への「普遍的基本的事項」といえるのではないでしょうか。

5　小田川の鉱業所運営から学ぶ

事故が起きるたびに安全活動にトップの率先垂範が重要と叫ばれ、具体的にどうあるべきかが議論されますが、なかなか汎用的で具体的な案までの議論が展開しないようです。

これは経営の立場では組織を維持・発展させるための基本施策である財政の健全性を推進する中で、経営層が安全活動の現状をどのようにして把握し、そのための施策をどう遂行するか、汎用的な手法が無い点にあるのではと感じています。

わが国で最初の産業安全活動として知られている小田川が始めた「安全専一」活動は、鉱業所が急速に近代化を進め、大型機械や独自に開発した装置等で設備増強された時期で且つ工場法が公布され、経営者に労働災害の防止に関し新たな施策が求められた年に始まっています。新しい設備が増え、分業化、新規採用の所員が急増する中で無事故・無災害による銅を産出するための鉱業所運営が強く求められていた時に、小田川はその後、三十年に亘って引き継がれた所内報を用いたコミュニケーション手法や適宜改定され、活用され続けた保安心得書『安全専一』による技術の継承法を考案しています。この小田川の鉱業所運営から、誰もが学ぶことができる点として以下の五点を挙げたいと思います。

①経営者は、組織の維持・発展の為の諸施策を推進する際、安全に関する施策を品質や環境等の施策と等しく重要と位置付けていることから、「安全第一」として優先するというよりは「安全専一」の姿勢で推進する。

②その際、事故や事件等の処理に携わった経験を有すれば、担当する組織の安全や環境等の状態が目標とするレベルに達していない状態にあれば、問題がどこにあるか、容易に気が付き、必要な諸施策を適切に実施する。

③中間管理職はSafety First活動の職務を担当する際、上司の理解が得られる場合は目標とする諸施策が効果を挙げるよう力を発揮する。

④第一線の実務職層は、事故やケガ等は自らの不注意で起きるという意識は低い。

⑤安全に関する施策をCSR活動の中で上記①から④を織り込んで推進する。

《参考・引用文献》

(1) 保安心得書「安全専一」古河合名会社　足尾鑛業所「鑛夫之友」附録（一九一五年）

(2) 「鑛夫之友」古河合名会社　足尾鑛業所　一九一三～一九四二年

① 日光市足尾町　角田重明氏所蔵（創刊～201：一部欠号あり）
② 東京大学大学院法学政治学研究科附属　近代日本法政史料センター・明治新聞雑誌文庫（創刊～11、34～107、283～318）
③ 東京大学柏中央図書館（319～334）
④ 早稲田大学中央大図書館（87～341：335号からは「足尾銅山と改題」）
⑤ 九州大学附属図書館伊都図書館（141号・部分複写）

(3) 王孫子「足尾案内銅山大観」萬秀堂発行（一九〇八年）
(4) 横田八百吉　著作・発行　足尾銅山の栞（一九一三年）
(5) 古河鉱業株式会社「創業一〇〇年史」（一九七一年）
(6) 堀口良一「「安全」概念の多様化とその矛盾」近畿大学法学52　56、69頁（二〇〇五年）
(7) 足尾町「足尾博物誌　足尾町閉町記念」（二〇〇六年）
(8) 安全第一協会「安全第一　「解説・総目次・索引」第一巻～第四巻（復刻版）不二出版（二〇〇七年）
(9) 日本経済新聞「春秋」（「安全第一」は最初「安全専一」）（二〇〇九年九月十三日）
(10) 日刊工業新聞　安全から「ANZEN」へ（二〇一〇年六月十四日）
(11) 小野崎敏「足尾銅山の光と影」ＮＰＯ失敗学会講演（東京）（二〇一〇年十一月二八日）
(12) 建設工業新聞　建設評論「安全専一」から一〇〇年（二〇一一年一月十二日）

(13) 古河機械金属株式会社 CSR REPORT 2014（二〇一四年）

(14)「沼津兵学校とその時代」沼津市明治史料館（二〇一四年）

(15) 古河機械金属株式会社 FURUKAWA 140 YEARS GUIDEBOOK（二〇一五年）

(16) 東京新聞 社説『一〇〇年掲げた「安全第一」』（二〇一五年九月二三日）

(17) 鈴木雄二、中田邦臣「日本のSafety Firstの夜明け」化学経済 五月号、化学工業日報社 （二〇一六年）

(18) 小田川雅朗「足尾銅山・小田川全之『鑛夫之友』・『安全専一』から学ぶ」化学経済 六月号、化学工業日報社 （二〇一六年）

(19) 久能正之「安全専一から学ぶ・今日における安全活動について」化学経済 七月号、化学工業日報社 （二〇一六年）

COLUMN 3

『鑛夫之友』の友との数々の出会い

『鑛夫之友』を訪ねた調査では幸運に恵まれ、334冊の内331冊（※注① 約1万4,000ページ）と出会えた。

【1回目】まず創刊号から第21号までを調査するために明治新聞雑誌文庫（東京大学大学院法学政治学研究科附属近代日本法政史料センター、本郷キャンパス内）に行った。創刊号から107号まであった。が、困ったことに肝心の『安全専一』が付録として刊行された前後の11号から33号の所蔵がない。知人の足尾歴史館※注②長井一雄館長に連絡するも所蔵はないと。5月上旬の夜、長井さんから「見つかった、あったよ！」と連絡がはいる。地元の方が所蔵されており35号までお借りできた。

【2回目】2015年8月27日経過報告を足尾歴史館で行っていたとき、先に一部提供頂いた一人である角田重明様から段ボールに入った『鑛夫之友』創刊号から201号までの原本のご提供を受けた。お父上、角田市太郎様が足尾銅山人事部に勤務、『鑛夫之友』の編纂にかかわり、「これは何があっても廃棄するな、門外不出」との命を受けていたお宝とのこと。今回の私の話を長井館長から耳にし、古河・小田川の縁者であれば提供するとご決断されたとのこと。

【3回目】9月末改めて再検索し、残りはほとんど早稲田大学図書館にあることを確認。当初の『鑛夫之友』編者の一人で『安全専一』初版の編集兼発行人である、林癸未夫氏が足尾から常盤炭鉱に移り退社後、早稲田大学図書館長になられていたと第203号に記載があり、その縁で所蔵されていたと推察。

『鑛夫之友』は日本における産業労働安全運動の創成期の歴史をしっかりと刻んだ「産業文化遺産」です。最近発見された安全第一協会の機関誌『安全第一』と併せ読み解くことに拠り、わが国の産業安全活動の原点をより正確に理解できると確信しています。　(M.O)

※注①『鑛夫之友』所蔵先　現在108、112、113号の所蔵先は確認できていない。
注② 足尾歴史館：「NPO足尾歴史館」2016年で開館12年目。足尾銅山開坑の歴史、技術および当時の町の様子を示す貴重な史料を公開。

第 4 章

これからのSafety First活動への提案

1　CSR活動の中で

第3章で一〇〇年前の足尾銅山において現在のCSR活動に相当する施策が行われていたと述べました。**図4—1**のCSR活動の概念は、足尾銅山の経営を引き継いだ古河機械金属が掲げています。

同社は、環境保全および労働安全衛生活動を推進するに際し、PDCAサイクルを回しながら、「安全・安心そして信頼」をスローガンに掲げ、「無事故無災害の推進、環境への影響を考慮した、より良い製品やサービスの提供等を通じて社会に更なる貢献をすることを目指す」活動を推進しています。単に法的規制を満足すれば良いという受動的な活動ではなく、安全の価値を高める能動的な「安全活動」を目指し推進していると述べていて、一〇〇年前の小田川の「安全専一」の経営姿勢が引き

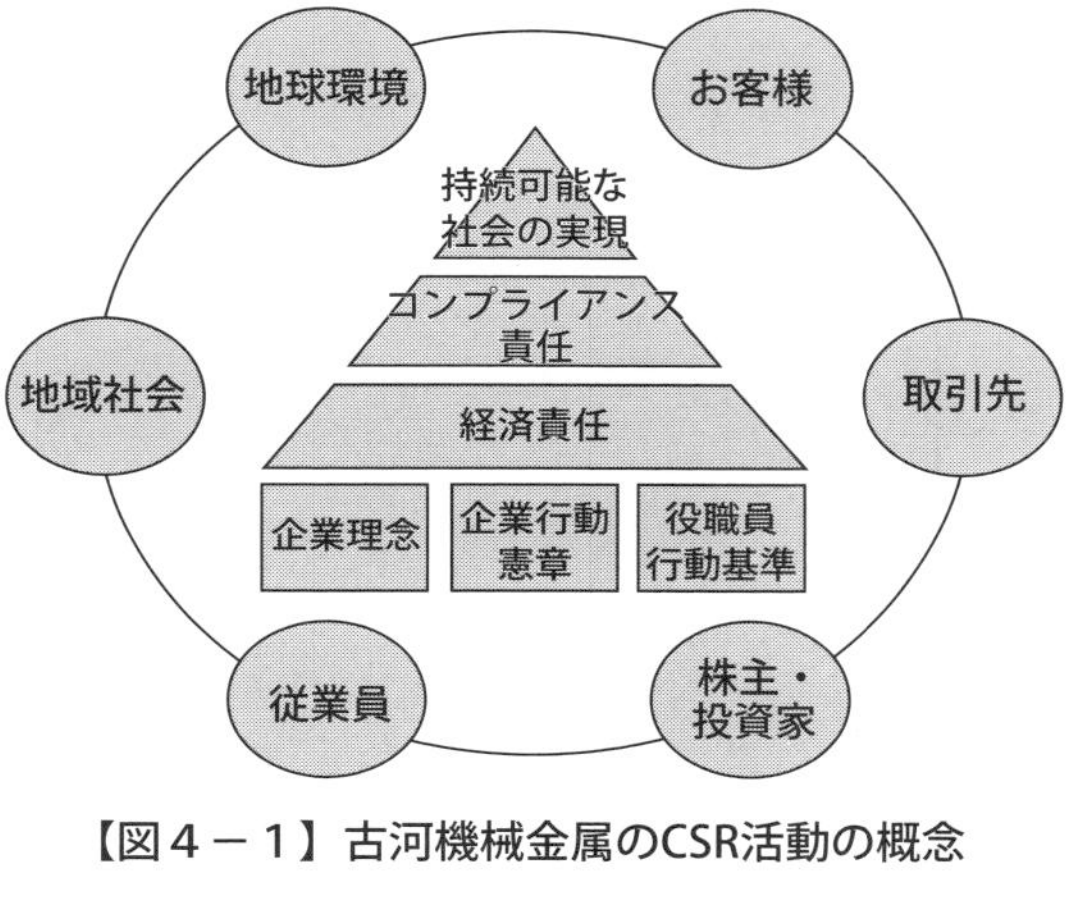

【図4－1】古河機械金属のCSR活動の概念

継がれていることを強く感じます。

現在は、安全活動に係る施策への取り組みは、古河機械金属の例のようにＣＳＲ活動の仕組みの中でＰＤＣＡ（Plan, Do, Check, Act）サイクルを回しながら、語られるようになっています。

毎日のように事故や不祥事等が報道されている今日、ＣＳＲ活動の仕組みとその運用方法について改善が望まれていると感じるので、一〇〇年前の二つのSafety First活動から学んだことを現行のＣＳＲ活動の中で展開する試案を提案します。

2　新しいＣＳＲ活動の提案

(1)　一〇〇年前の産業安全活動に見る３職階層別組織行動

一〇〇年前の小田川全之の鉱業所長としての鉱業所運営と中間管理職としての蒲生俊文の安全活動を通じて確認できた、次の３職階層の行動は、一〇〇年後の今日でも身近な組織の中で見られる事象です。

①経営者は、組織の維持・発展の為の諸施策を推進する際、安全に関する施策を品質や環境等の施策と等しく重要と位置付けていることから、「安全第一」として優先するというよりは「安全専一」の姿

勢で推進する。

②その際、事故や事件等の処理に携わった経験を有すれば、担当する組織の安全や環境等の状態が目標とするレベルに達していない状態にあれば、問題がどこにあるか、容易に気が付き、必要な諸施策を適切に実施する。

③中間管理職はSafety First活動の職務を担当する際、上司の理解が得られる場合は目標とする諸施策が効果を挙げるよう力を発揮する。

④第一線の実務職層は、事故やケガ等は自らの不注意で起きるという意識は低い。

前記②については、事故や事件の処理に携わった経験を有しない経営層であっても、担当する組織の安全や環境等の状態に問題があることを簡便に定量的に把握できる仕組みがあれば、それら好ましくない事象に対し、小田川と同じように適切に対応できます。上記③の場合でもSafety First活動上の課題を簡便に定量的に把握できれば、上司は中間管理職から上申される課題に適切に対処することができ、中間管理職も高いモチベーション下で職務を遂行できます。

前記④の一人ひとりの心への〝安全の内在化〟の課題は、安全を維持することは生産性の効率につながるという価値観の上位にある倫理観の問題として位置付け、ＣＳＲ活動を推進する上で制定する企業行動憲章の遵守で対応が可能と考えます。

現在は、安全に係る諸施策はＣＳＲ活動の中でＰＤＣＡサイクルを回して実施されているケースが多い。

本項では、組織の所属員がいつもと異なる好ましくない事象に早く気が付き、速やかに上司に報告し、その事象に対し、経営層が〝直ちに対応が必要な事象かどうか〟を簡便に判断できる手法を織り込んだCSR活動法を提案します。具体的にはPDCAサイクルのCの工程に、経営層が自らが担当している組織の安全や環境等の施策の遂行状況に問題があるかどうかを診断し、把握する仕組みを織り込むことです。現在のCのステップでは、ISO等のマネジメントシステム（MS）の中で把握する方法も採用されていますが、結果としてクレームである事故や不祥事はなかなか減少していないという声があります。その理由の一つとして、導入しているMSが機能するような組織運用がなされていないからとの指摘があります。組織の運営状態を診断することは、大きな事故や不祥事が起きた非常事態の場合を除けば、経営資源と組織診断に要する時間の視点から簡単には実施できません。事故等の発生の有無という、事後の結果でしか安全であったかどうかを確認できない現在の組織運営方法を、以降に提案します簡便な組織診断法により、事前の状態が安全かどうかで対応できる組織運営法に変更することが可能です。その際、一〇〇年前に内田嘉吉が安全第一協会を発足させ当時の安全活動を科学的にと、提唱した姿勢に学んで、現在の安全活動を新しいステップでの試行、現時点では研究方法が難しく概念でしか描かれていない工学の体系の中で開発し活用する手法を提案します。参考にする安全工学の体系は日本学術会議の人間と工学研究連絡委員会安全工学専門委員会が提唱した体系です。

(2)　参考にする安全工学の体系とは

「安全の構成」として安全知を**図４―２**のように体系化しているコンセプトを基にします。ものつくり分野、航空機、鉄道、船舶および車等の輸送分野、医療分野ほか、各分野の安全活動から得られる共通的な安全知を上位概念として組織的、人的および技術的の三つの側面のまとめ、各分野がそれらを活用するという仕組みです。６の安全関連分野では、保険、防災・防犯、機密保護等の社会的側面の活動から得られる研究成果を活用します。

三つの側面は**図４―３**のような関係にあると位置付けます。

人的側面については、人はエラーするものであるという視点、人が組織に属するという視点および技術を使用する視点、更には人が組織の中で技術を使用する視点からの起こしやすいエラーについての安全知を共通化し活用します。組織的側面のエラーの防止研究は、組織の中で人が行動することにより起こすエラーと組織の中で技術を活用することにより起こすエラーの防止法の研究と組織は人が集まっただけでは機能しない特質を持つことに焦点をあてた研究が対象と考えます。また技術的側面のエラーの防止研究の安全知は、技術が人を介して活用されることにより起こるエラーと技術が組織の中で活用される

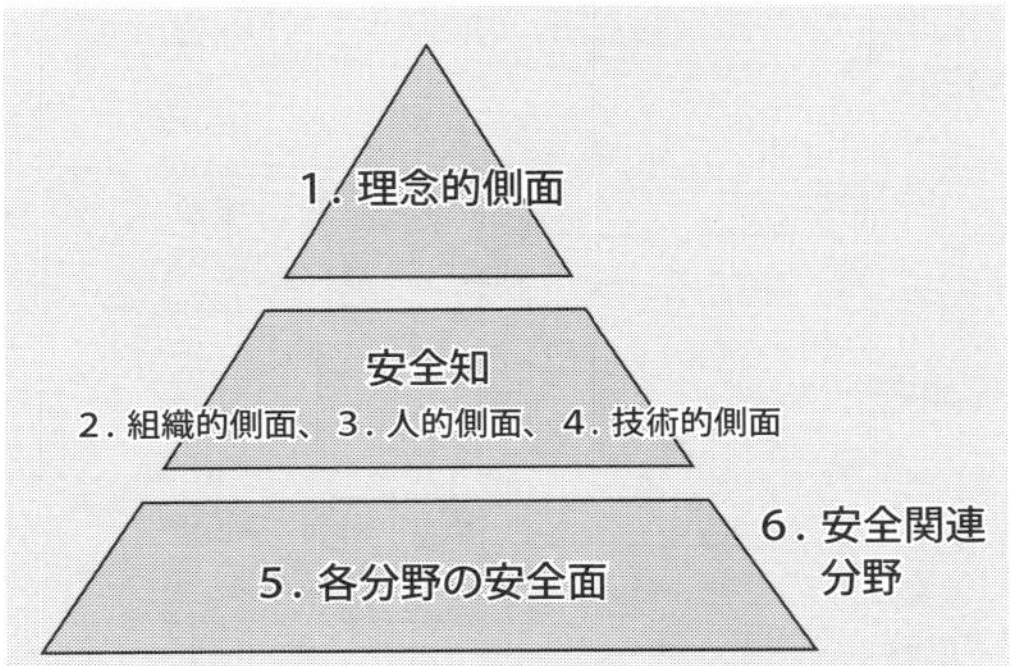

【図４－２】安全の構成

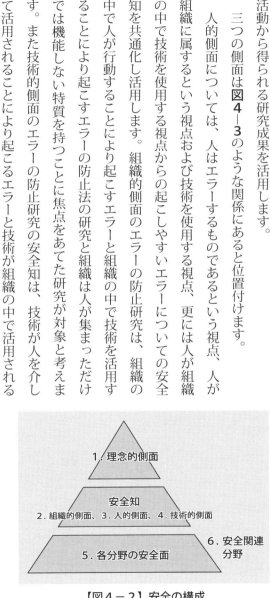

ことにより起こるエラーの防止研究と技術は定められた要件下でしか機能を発揮しない特質があることに焦点をあてた研究から得られるとします。

事故等が起きない安全な状態は、**図4－4**のように定義し、社会として許容可能な範囲から逸脱しないよう、起こしやすい人的、組織的および技術的側面のエラーを防止すべく安全知を結集した活動から実現できるとします。

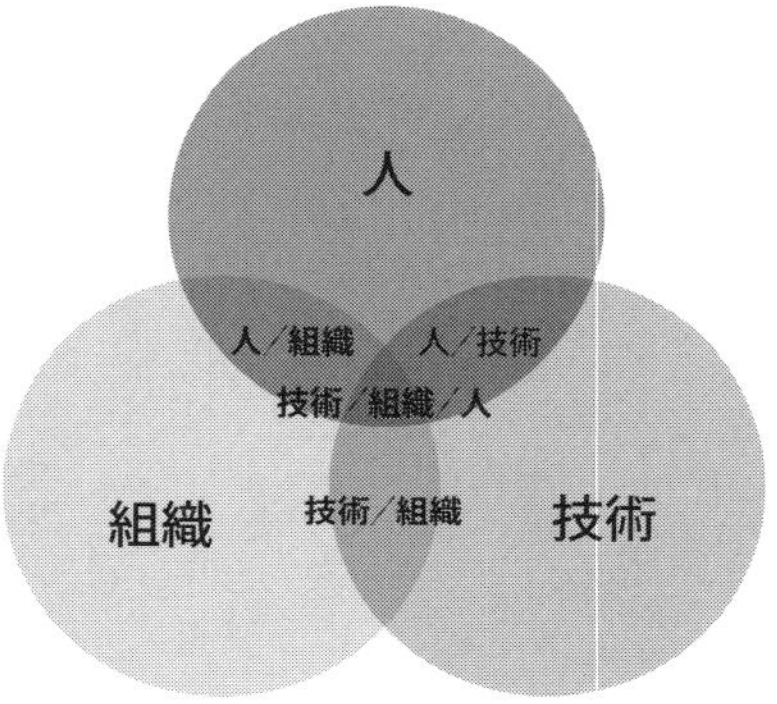

【図４－３】人、組織および技術の側面の関係

- 絶対安全は存在しない
- 受け入れ不可能なリスク※注が存在しないこと
  ※注：リスクとは危害の発生する確率および危害のひどさの組み合わせ
- 人への直接的または間接的な危害または損傷の危険性が許容可能な水準に抑えられている状態

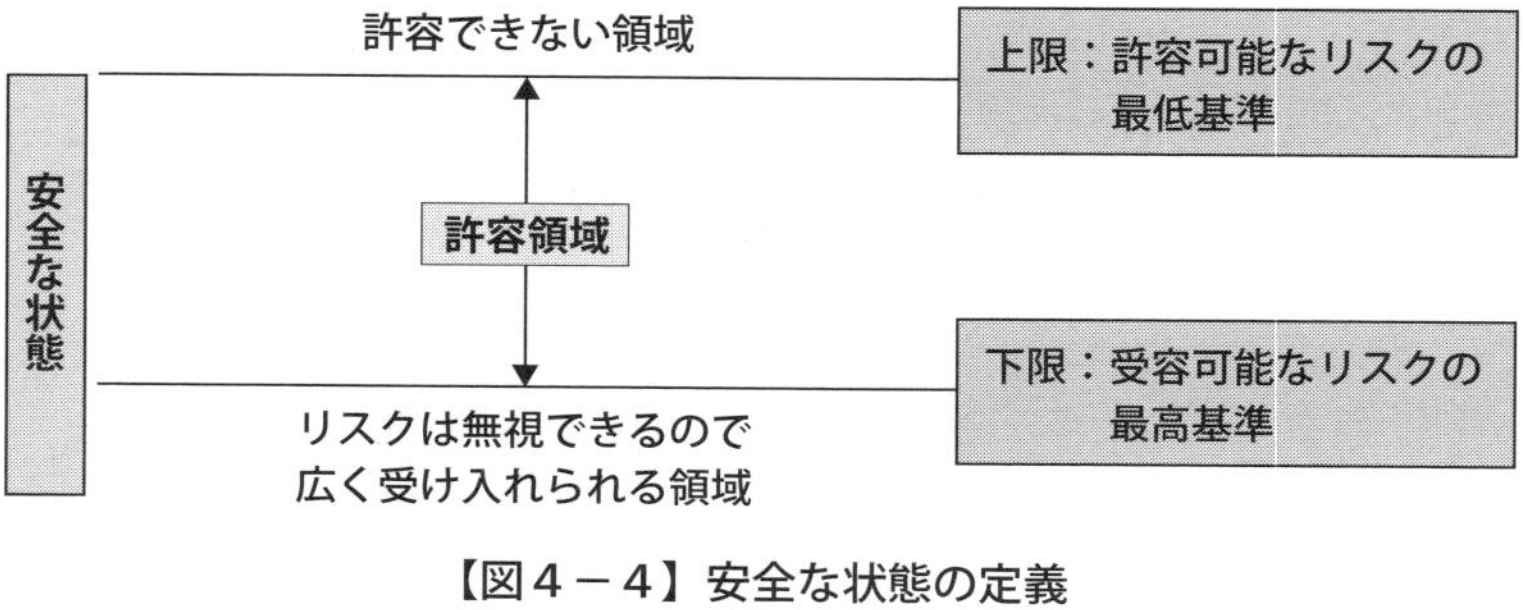

【図４－４】安全な状態の定義

(3)　安全知の結集例
～人的側面を例として～

前項で、人的側面についてのエラー防止研究の視点は四つであると述べました。それぞれの視点での研究例からの安全知の例を次に紹介します。

①人はエラーするものであるという視点での研究例

生物としてのヒトであり、強度的に弱く、性能的にもあまり大きな機能を持っていない視点からのエラー防止研究が多い。以下の**表４−１**の研究例からは、次のような状態下で業務を遂行していればエラーを起こしにくいといえます。

(a)アルファ波が発生するリラックス

【表４－１】人はエラーするものであるという視点での研究例

研究例	防止法と防止できるエラー	
①脳波パターンを意識の状態から０～４の５段階に分け、フェイズ３（アルファ波が発生するリラックスなフェイズ）の状態保つことに基づく防止法	フェイズ３の状態でもエラーをするのでその防止法	例えば、ドジ／ボケを認識し行動する習慣を身に付ける
	フェイズ３以外の状態でのエラー防止法	スリップ（欠落、脱落）、ラプス（忘れ）、ミステイク（誤り、勘違い）の防止
②人の認知プロセスからのエラー構造に基づく防止法	(ア)入力エラー（知覚する際のエラー）防止	見誤りの防止
	(イ)媒介エラー防止（入力された情報を誤って判断するエラー）	勘違いの防止
	(ウ)出力エラー防止（判断した結果とおり手足を動かさないで起きるエラー）	違反等の防止
③認知心理からのエラー分類（J.Reason／J.Rasmussen）の SRK 簡易モデルに基づく防止法	(ア)意図しない行動によるエラー防止（S：スキルベース）	(a)スリップ、(b)ラプスの防止
	(イ)意図した行動によるエラー防止（R：ルールベース、K：ナレッジベース）	(a)ミステイク、(b)違反の防止
④モチベーション論に基づく防止法	低いモチベーションによるエラーを防止	スリップ、ラプス、ミステイク、違反

なフェイズ3の状態に自分を保ち、且つ自分が生まれつき持っているミスをしやすいタイプ（例えばドジタイプあるいはボケタイプ）を承知してミスをしないよう意識して業務を遂行する

(b)人の起こしやすい認知プロセスからのエラーを回避できる、動物とは異なる知性、高い倫理観と理性の下で心が満たされた状態で職務を遂行する

②人が組織に属するという視点からのエラー防止研究例

組織力を高める組織行動の視点からの研究も多い。これらの研究成果からは、個人をエラーを起こしやすい環境に置かないように組織運営することがエラー防止策となります（**表4－2**参照）。

③人が技術を使用する視点からのエラー防止研究

マン・マシン・インターフェイスの人間工学的な視点からのエラー防止研究を安全人間工学と発展させ、実用化されている安全知の例は多いので紹介は省きます。

④組織の中で技術を使用する視点からの起こしやすいエラーの防止研究

組織的側面からのエラー防止研究と前記③の人が技術を使用する視点

【表4－2】人が組織に属するという視点から起こしやすいエラーの防止研究例

研　究　例	防止するエラー例
①集団による意思決定論に基づく防止法	㈠集団浅慮によるエラー
	㈡逸脱者の排除によるエラー
	㈢社会的手抜きによるエラー
	㈣同調効果によるエラー
	㈤権威勾配に起因するエラー
②個人による意思決定論に基づく防止法	正常化の偏見によるエラー

からのエラーの防止研究を織り込んだ研究の成果を活用します。現在は、個別の事故事例の研究が多く、それらを俯瞰する安全知の研究が待たれます。

組織的側面のエラーと技術的側面のエラー防止研究に関する安全知の結集例も同様にして体系化が可能となります。

(4)　安全な状態を実現するために～ものつくり分野の場合～

本項では、前項で論じた三つの側面からの安全知を用いて、ものつくり分野、特に化学産業の分野での生産現場を想定して、実現したい安全な状態を構築し、その状態が維持されていることを日常、簡便に診断することができる手法を紹介します。

(ア)　安全な状態の定義

安全な状態は、業種を超えた事故や不祥事の起きた原因を研究した結果から、実現したい組織運営の姿を組織運営に重要な11項目を含む姿で描き、ものつくりの現場の安全な状態を次のように定義します。定義した根拠は、後の(イ)項で述べます。またカッコ内のＬ１からＢ４までの11の項目について、それぞれの安全な状態を維持するために許容できる領域について後述の**【参考】**で詳述します。

組織のトップは、組織を健全に維持し成長させるために組織の目的を明確にして（B1：トップの実践度）良いコミュニケーション（B4：コミュニケーション）の下で組織の構成員が組織の目標を達成できるような業務遂行力を維持できるよう仕組みをつくり、維持し、（L3：教育・研修、C4：コンプライアンス）、かつ変化に対応できるよう（B3：変更管理）組織を運営している。特に組織運営上のリスクへの対応（L1：リスク管理）に対し、過去の失敗に学ぶ（L2：学習態度）ことと身近に起きる小さいエラーに注意を払う（B2：HH／KY　ヒヤリハット／危険予知）と共に、エラーが起きないようにまた起きた場合、直ちに対応できるよう（C1：モニタリング組織、C2：監査、C3：内部通報制度）組織運営している。

(イ)　安全な状態を実現するための要件とは

①人的側面からの要件

前(3)項で述べた四つの視点からの安全知を結集すると以下の三つの状態が実現していることが要件です。

(a)　人の行う認知プロセスからのエラー構造を回避でき、動物とは異なる倫理観と知性、理性等がある、人として満足して職務を遂行できる状態

(b)　アルファ波が出ている心身共に良い状態

(c)　前記(a)、(b)の状態を実現し、且つ事故防止のための適切な組織運営がなされている組織の一員と

しての状態、例えば、業務を遂行するに必要な教育・研修を適宜受けていることから自分の立場でのリスクが何かを知り、組織の一員としてリスクへの対応ができ、業務を滞りなく遂行できる状態

②組織的側面からの要件

組織を構成する人達が、達成しようとする目的の下に集まり、集まった人達が自ら定めた規範（倫理観を含む）に従って情報を共有し、命令する人など役割を分担し目的達成のために行動できる状態

③技術的側面からの要件

取り扱う装置や機器類は本質安全の方針で設計・制作され、本質安全で対処できない部分は制御安全の技術を織り込んでいる。そして職務を担当する人は、装置や機器類の操作や保守等の業務を遂行する際には、それに先立ち受講した教育と使用するマニュアルに従って遂行すればエラーは起きない、即ち、技術に起因するエラーが起きる要因は、装置や機器類を定められた通りに使用しなかったり、あるいは使用できない状態が生じたときとする。

(ウ)　安全な状態であることを簡便に診断する手法

最初に(ア)で定義した安全な状態をどのようにして決めたか、次いで安全な状態にあるかどうかを診断する手法について述べます。

安全な状態は、業種を超えた事故や不祥事の起きた原因を研究した結果から、実現したい組織運営の姿として運営に重要な11の管理項目を含む姿で描きました。11項目は事故の発生メカニズムに基づき、顕在

化した事故の発生要因を参考に決めました。

発生要因の顕在化には帰納法と演繹法の二つの方法があります。

社会科学の分野では、事故に関与した組織構成員へのアンケート調査等により相関の強い組織要因を共分散構造分析し事故の発生メカニズムを解き明かすという帰納法的な研究が多く行われています。しかし、業種を超えた多くの事故事例を俯瞰できる汎用的な事故の発生メカニズムは未だ発表されていません。

他方、組織事故の発生に関する因果モデルを仮定し実際に起きた事故を検証する演繹的な取り組みも発表されています。広く知られているJ. Reason（イギリス）の「スイスチーズモデル」と呼ばれている組織事故の発生モデルの研究では、「組織は組織運営に潜む危険が顕在化して事故に至らないように複数の防護壁（管理ルール）を設けています。事故が発生するのは、完璧であると思われた防護壁に複数のほころびが原因の穴が存在し、これらの穴を貫通する事象が起きたときとしています。しかし、そのほころびの穴をどのようにして探し、穴をふさぐのか、の具体的なポイントが明確にされていない。」という課題があります。

本項で紹介します「防護壁モデル」（後述の**図4―5**参照）は、この課題を解決し、且つ日本国内向けに使いやすいように「スイスチーズモデル」を改良したものです。11の項目は、「防護壁モデル」に則り、組織内で起きた事故や不祥事の事例毎に、なぜ防護壁が劣化したか、組織と人と技術の三つの視点から解析を行い、防護壁を劣化させた要因を顕在化させました。

顕在化した事故の発生要因から、日常、安全な状態を維持するに必要な管理項目を11項目選び、それぞれの項目に関し安全を許容できる領域を前⑶項の安全知を参考に定めました。

安全な状態にあるかどうかを診断する手法は、安全を許容できる領域が定められていますから、その領域から逸脱していないかどうかを、簡便に診断する手法となります。【参考】で紹介します「ＬＣＢ式組織の健康診断®法」は一つの診断法です。

㈔　ＣＳＲ活動での活用方法

安全工学の体系の中で組織として目指す安全な状態を構築する手法とその状態を維持する手法について述べました。本項では、【参考】で紹介します「ＬＣＢ式組織の健康診断®法」の活用事例からＣＳＲ活動の中での活用案について述べます。現在までの「ＬＣＢ式組織の健康診断®法」の活用事例は**表４−３**のとおりですが、㈠で定義した安全な状態を構築できていると診断された組織はゼロです。従って、それぞれの組織では、組織診断の結果を基に目指している〝安全を許容できる領域から逸脱している事象〟を顕在化させ、ＰＤＣＡサイクルをまわし、実現したいと目標にしている安全な状態の構築を目指しています。

それぞれの活用例の詳細は、『リスクセンスで磨く異常感知力』（化学工業

【表４−３】LCB式組織の健康診断® 法の活用例

- 組織風土のまずい点の定量的把握
- 新組織発足時の組織風土のベンチマーク測定
- 労働安全衛生活動の進捗度の定点観測
- 組織風土改革の定点観測
- 小集団活動とリンクさせた安全文化の向上
- ISO等マネジメントシステムの補完
- 安全研修センターのメニューに採用

日報社、二〇一五年）第7章で詳しく紹介していますので、そちらを参照下さい。

人、組織および技術の側面からの安全知の研究が安全工学として体系的に推進され、事故の未然防止技術が向上したＣＳＲ活動が展開されることを期待したい。

【参考】ＬＣＢ式組織の健康診断® 法の活用例

安全な状態を実現するための手法としてＬＣＢ式組織の健康診断® 法※注①の活用例を紹介します。この手法は、組織の中で事故や不祥事等が発生するメカニズムとして事故等が起きないようにと設ける管理ルールを防護壁とみなした防護壁モデル※注①に則り、防護壁が劣化しないように組織運営ができていれば安全な状態は実現できている、と考え、防護壁の劣化に早く気が付き、劣化した事象に素早く対応することにより事故や不祥事等を予兆の段階で防ぐという手法です。

※注①　防護壁モデルについて　**図４－５**の防護壁モデルに則り、防護壁が劣化して穴があいているときにそれらの穴を貫通するような好ましくない事象が組織内に起きたときに組織内に事故が起きること、従って身に付けたリスクセンス※注②で防護壁に劣化が起きないよう組織運営をしていれば組織内で事故等は起きないこと、仮に防護壁

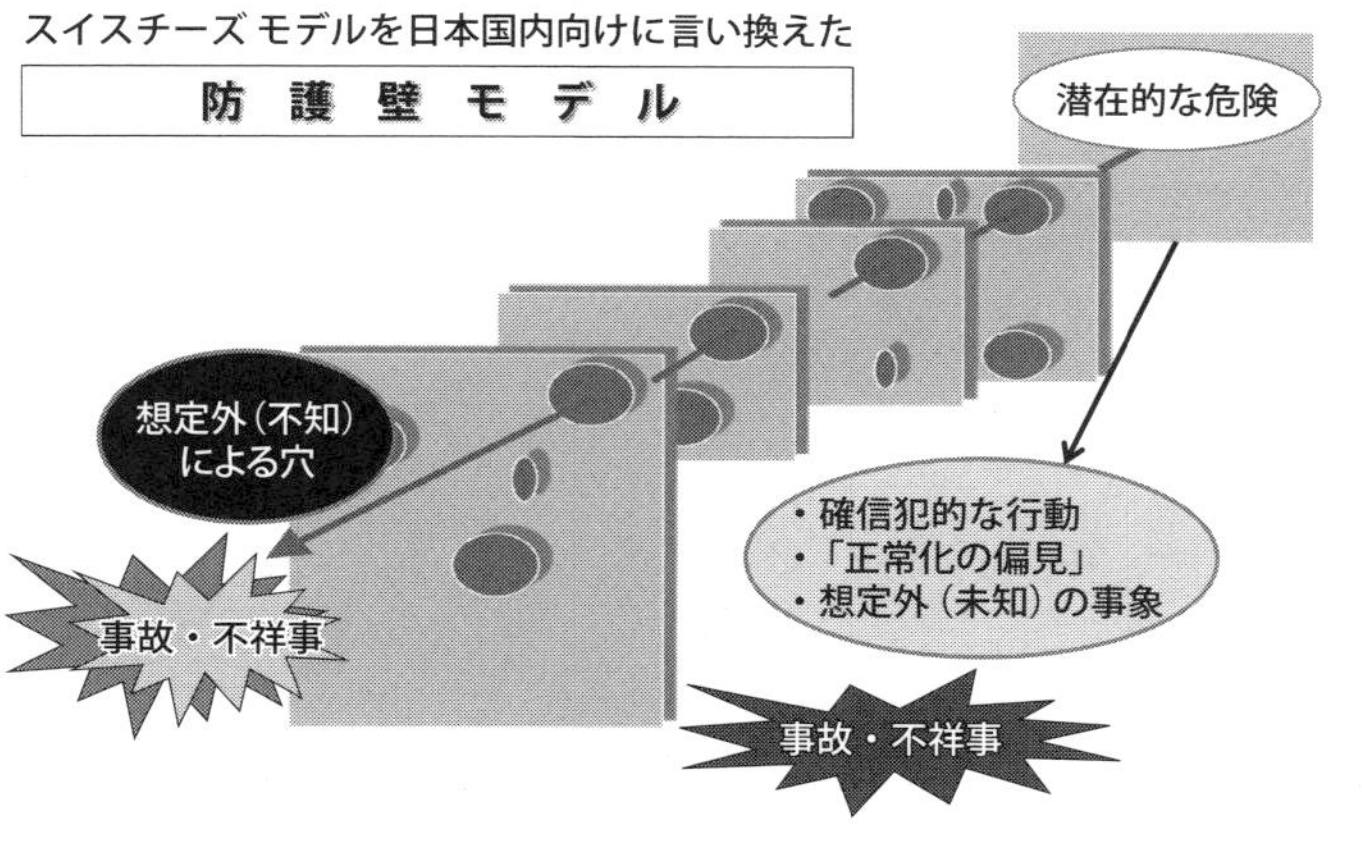

【図４－５】組織事故の発生メカニズム～防護壁モデル～

が劣化していても早くその劣化の進行に気が付き、対処することで大事故にまで発展させない段階で対応できると考えるモデルです。防護壁は、当該組織において事故等が起きないように安全な状態を実現するための要件を満たすために、安全知に基づき経営資源見合いで設ける管理ルールです。一例を挙げると、「L3：教育・研修」は安全知を織り込んだ教育・研修を実施し、効果が挙がるよう運用することを定めた管理ルールです。

※注② **リスクセンスとは** 組織を健全に運営しリスクを最小にしていくために必要な知識・判断力・業務遂行能力の総称

1　安全な状態の定義

前(4)(ア)項で定義した安全な状態を具体的に実現するために【**参考**】で詳述するとしていましたカッコ内に掲げたL1からB4までの11の組織の管理項目[※注③]、防護壁の劣化を診断するポイントを**表4－4**に示します。防護壁の状態が目指す最も良い状態を6とし、そこから劣化した状態を防護壁が全く機能していない1までの6段階設け、11の防護壁がすべて4の状態以上で維持できていれば、**図4－4**の許容可能な範囲から逸脱する行動は起きなく、組織は安全な状態にあるとする方法です。

※注③ 11の組織の管理項目は、組織内で起きた事故や不祥事の事例毎にその原因となった劣化した防護壁を顕在化させ、なぜ防護壁が劣化したか、解析を行い、日常管理しやすい11項目を抽出しています。そ

【表４－４】「LCB式組織の健康診断®」11の診断項目と診断の視点

	診断項目	診断の視点
Learning 自律的に学ぶ姿勢	L1：リスク管理 （リスクを知る）	組織にとって新しい事柄（プラントの新設や新製品の開発等）や「B3：変更管理」で対象としない重大な事柄（プラントの大改造や生産方法の大幅な変更等）に対し、それぞれに適したリスク管理を行っているか
	L2：学習態度 （水平展開）	自他の失敗事例に学ぶ姿勢があるか
	L3：教育・研修	教育・研修制度が導入され、効果を上げているか
Capacity 基礎体力 （自ら監視）	C1：モニタリング組織	組織事故を防ぐためのトップに直結した独立した組織があるか
	C2：監査	ガバナンス向上のための各種監査を実施し、組織の経営目的を達成しているか
	C3：内部通報制度	内部通報制度等のホットラインがあり、機能しているか
	C4：コンプライアンス	不正は許さないとか、安全はすべてに優先するという組織のトップの決意が明確にされ、実践されているか
Behavior 前向き、積極的な行動力	B1：トップの実践度	組織のトップは自ら掲げた方針・目標を率先垂範し、各職階層において掲げられた方針・目標がブレークダウンされ実施されているか
	B2：ヒヤリハット（HH） ／危険予知（KY）	ヒヤリハット（HH）活動や危険予知（KY）活動、５S活動が効果を上げているか
	B3：変更管理	組織にとって変更する事柄（プラントの改造や生産方法の変更、製品の改良等）に対し、それぞれに適した変更管理を行っているか
	B4：コミュニケーション	報・連・相＋反（報告・連絡・相談を受けたときに相手に反応すること、例えば報・連・相の内容に対し、反復し同意する、反論や反発し合意形成に努める等を行う）の双方向のコミュニケーションが行われているか

の際、劣化した防護壁の組織的要因を顕在化させることができる次の二つの解析手法を使用しました。航空分野や原子力分野で開発されたＶＴＡ法注(ア)とＭ―ＳＨＥＬ法注(イ)となぜなぜ分析法を組み合わせた解析法です。業種を超えた事例解析の結果から、防護壁を劣化させることが多い、いきすぎたコスト削減策や収益重視策、現場の声を無視した収益維持のための省人化施策や納期厳守策等の好ましくないマネジメント例を顕在化させ、それら施策によって劣化しやすい組織運営に係る管理項目も顕在化させました。11の管理項目は現在のグローバル経営下の組織運営で求められている三つの機能、学習する機能（Learning）、自らを律する機能（Capacity）、実践する機能（Behavior）でまとめ、これらの頭文字をとりこんだＬＣＢ式組織の健康診断®法と名付けた組織の診断法の診断項目です。

注(ア)　ＶＴＡ法はVariation Tree Analysisの略称で、事故や不祥事が起きるのは、いつもと異なったことが起きたからとし、予め定められたいつもの常態から逸脱した事象を時系列的に抽出し、それらの事象がなぜ起きたかを解析し、原因究明する手法です。

注(イ)　Ｍ―ＳＨＥＬ法は、事故等を起こした人の立場になって、指揮・管理等のManagementのＭ、手順書等のソフトウエアのSoftwareのＳ、機械や設備等のHardwareのＨ、暑さや明るさ等の作業環境のEnvironmentのＥおよび上司や同僚等のLivewareのＬの視点から事故等の原因究明する手法です。

2　安全な状態を実現する手法～ＬＣＢ式組織の健康診断®法の実践～

ＬＣＢ式組織の健康診断®は、匿名でＷｅｂ式（要望に応じペーパー式）で実施し組織の診断結果を６段階の内、診断値が４以上でその診断値にバラツキが少ない状態であるかどうかで行います。その際、個人のリスクセンス度※注④の高い人の組織の診断結果も考慮します。

※注④　個人のリスクセンス度とは、11の組織診断の項目の内容に関する精通度をいう。個人のリスクセンス度を測定する目的は、11の組織の診断項目に精通している人は組織の実態を精確に把握している場合が多いとの研究成果に基づいています。組織と個人のリスクセンス度の測定は、特定非営利活動法人リスクセンス研究会が実施しているリスクセンス検定®で行います。所用時間は一時間程度です。

ＬＣＢ式組織の健康診断®例を示します。

表４－５は３職階層別の組織診断の結果例です。

【表４－５】組織の診断結果

	一般実務職	中間管理職	上級管理職
L1：リスク管理	4.3	4.0	4.3
L2：学習態度	4.7	5.3	4.7
L3：教育・研修	3.9	4.7	4.7
C1：モニタリング組織	3.6	4.0	4.7
C2：監査	4.4	4.2	4.7
C3：内部通報制度	3.0	4.2	5.0
C4：コンプライアンス	4.4	4.2	5.3
B1：トップの実践度	3.9	4.8	5.0
B2：HH／KY	4.4	4.0	4.0
B3：変更管理	3.6	3.8	4.0
B4：コミュニケーション	3.8	4.2	4.7

［**注**］6.0が最も良い状態で、4.0点以上が望ましく、1.0点は最も拙い状態を示す。

また、診断結果のバラツキの状態を**表４－６**に示します。

【表４－６】組織の診断結果のバラツキ（標準偏差）

	一般実務職	中間管理職	上級管理職
L1：リスク管理	1.0	0.7	0.9
L2：学習態度	0.8	1.3	0.5
L3：教育・研修	1.2	0.9	0.5
C1：モニタリング組織	1.3	1.0	0.5
C2：監査	1.0	0.8	0.5
C3：内部通報制度	1.4	1.1	0.8
C4：コンプライアンス	1.0	0.7	0.5
B1：トップの実践度	1.0	1.2	0
B2：HH／KY	1.0	0.9	0
B3：変更管理	1.1	1.0	1.6
B4：コミュニケーション	1.1	0.9	0.5

３　許容可能な範囲から逸脱する行動が起きない安全な状態を構築するために

組織の診断の結果は次のとおりです。

表４―７の診断値が４以下の視点と**表４―６**のバラツキから、11項目の内、以下に示す６項目で何かのきっかけで定められたことから逸脱する行動が発生する可能性が高く、至急対策が必要です。

　Ｌ３：教育・研修、Ｃ１：モニタリング組織、
　Ｃ３：内部通報制度、Ｂ１：トップの実践度、
　Ｂ３：変更管理、Ｂ４：コミュニケーション

６項目に潜む具体的な事象の顕在化は、事例解析で用いたＶＴＡ法とＭ―ＳＨＥＬ法となぜなぜ分析法を用い、当該組織で最近起きた事故や重大ヒヤリハット等の解析を行い、顕在させます。顕在化した好ましくない事象に診断値が４以上となる適切な対応策を講じることで、11の診断項目はすべて好ましい状態に維持でき、許

【表４－７】一般実務職層のリスクセンス度の高い人の組織の診断値

リスクセンス度（上限100として76以上の人をリスクセンス度の高い人と扱う）	リスクセンス度の高い人				診断者全体（79名）の平均値
	82	76	76	平均値	
L1：リスク管理	3	4	5	4.0	4.3
L2：学習態度	4	5	5	4.7	4.7
L3：教育・研修	3	3	2	2.7	3.9
C1：モニタリング組織	3	4	5	4.0	3.6
C2：監査	1	4	5	2.3	4.4
C3：内部通報制度	1	1	3	1.7	3.0
C4：コンプライアンス	4	4	4	4.0	4.4
B1：トップの実践度	3	3	3	3.0	3.9
B2：HH／KY	4	6	5	5.0	4.4
B3：変更管理	1	4	2	2.3	3.6
B4：コミュニケーション	3	4	2	3.0	3.8

容可能な範囲から逸脱する行動が起きない安全な状態を構築することができます。

《参考・引用文献》

(1) 日本学術会議　人間と工学研究連絡委員会安全工学専門委員会　「安全・安心な社会構築へ安全工学の果たすべき役割」（二〇〇五年）
(2) 特定非営利活動法人リスクセンス研究会「組織と個人のリスクセンスを鍛える」化学工業日報社（二〇一六年）
(3) 特定非営利活動法人リスクセンス研究会「リスクセンスで磨く異常感知力～化学プラント編～」化学工業日報社（二〇一五年）
(4) ジェームス・リーズン 著、塩見弘 監訳、「組織事故」日科技連出版社（一九九九年）
(5) 「組織行動と組織の健全性診断システム」に関する研究成果報告書　～「LCB式組織の健康診断」によるセルフチェックシステムの開発～東京大学環境安全研究センター、LCB研究会（二〇一一年）
(6) 同右　東京工業大学総合安全管理センター、LCB研究会（二〇一四年）
(7) 特定非営利活動法人リスクセンス研究会「リスクセンス向上の実践（その1）」化学経済 六月号、97～103頁、化学工業日報社（二〇一四年）
(8) 特定非営利活動法人リスクセンス研究会「同右　（その2）」化学経済 七月号、122～128頁、化学工業日報社

（二〇一四年）

(9) 中田邦臣「リスクセンスを磨いて工場事故や不祥事の最少化を推進する」化学装置 十二月号、22〜25頁、工業通信（二〇一五年）

(10) 中田邦臣「リスクセンス〜組織と個人の異常感知力向上」化学経済 六月号、28〜33頁、化学工業日報社（二〇一六年）

(11) 古河機械金属の取り組み ＣＳＲ活動 http://www.furukawakk.co.jp/csr/environment/csr.htm

(12) 芳賀 繁「失敗の心理学」日本経済新聞出版社（二〇〇七年）

(13) 石橋 明「リスクゼロを実現するリーダー学」自由国民社（二〇〇三年）

(14) 橋本邦衛「安全人間工学」中央労働災害防止協会（一九九〇年）

(15) 広田すみれ、増田真也、坂上貴之「心理学が描くリスクの世界」慶應義塾大学出版会（二〇〇六年）

COLUMN 4

組織のセルフヘルスケアのすすめ

2013年から始まった工場の保安力の診断の動きが、化学産業から鉄鋼産業ほかへと拡がっていて、事故が発生する前の予兆管理の手法として注目されています。ISO等現在導入している各種のマネジメントシステム（MS）の定期的な審査結果にこの組織の安全文化の診断結果を加味することに拠り、各種MSの「予め定めたルールを遵守していれば事故等のクレームは発生しない」との成果を確実に手取るための施策と位置付けているようです。

現在の保安力の診断法は人間ドックに相当する診断のようですので、自らの組織をセルフチェックする手法の開発も望まれています。この産官学が推進している安全文化の診断の動きのお蔭で、第４章で紹介したLCB式組織の健康診断®も少しずつですが、活用していただけるようになっています。職場の負担を現状以上に増やしたくないとの視点から、新たなMSの導入は避けつつ、現行のMSの機能を補完する手法があれば、という視点で、簡便な組織のセルフチェック法としてLCB式組織の健康診断®を活用していただいていると感じています。組織も法人であることから、人が年１回の定期健康診断を受診する以外に、自分の体調を体温、血圧、体重等の項目で適宜セルフチェックしているように、組織が自らチェックする動きと期待しています。

ご紹介したLCB式組織の健康診断®法の開発プロセスを参考にしていただいたりして、自分達の組織の好ましくない事象に早く気が付き、自分の組織の健康状態を自分で管理する安全文化の構築法にトライしませんか。

ものつくり分野での簡便な組織の診断法の開発は、化学産業から電機産業へと、また分野を超えてIT分野、オフィス分野へと拡がっていますが、分野毎に用語のカスタマイズ化が必要という点を考慮すると、必要な組織の診断項目は本質的に同じと感じています。

（K.N）

附

1、安全啓発書「安全第一」を読む

2、保安心得書「安全専一」を読む

1、安全啓発書「安全第一」を読む

内田嘉吉「安全第一」

（丁未出版社　大正６年９月11日発行　大正８年６月15日11版）

現代語訳

安全第一　目次

安全第一

内田嘉吉 著

はしがき

私は先年、病をえて北米合衆国の漫遊を思いたちかの地に渡って種々なる社会の状態を観察しましたが、このとき偶然にも〈安全第一《セーフティー・ファースト》〉という問題に触れて、非常なる興味を起こし、それからこの主義を専心に調査することになりました。

それでこの問題は、一見すこぶる単純なようであるが、その実際はなかなか複雑なもので、その応用の範囲もきわめて広く、かつ深く、その調査の歩を進めれば進めるほど、いよいよ面白味を感じたのであります。

世間ややもすると、この主義を消極的のもののように解釈するのであるが、事実この主義は引込思案のものでなく、極めて積極的のものであって、この〈安全第一《セーフティー・ファースト》〉主義の精神は、文明の進歩に伴って、人類をあらゆる方面に活動させる、積極的の方法を教えたものである。しかもその根本の思想は、博愛の精神から流れ出ずるのであるから、これを人道の極致とも称しうるのである。

人がこの世に処するには、何ものか信仰を持たねばならぬ。〈安全第一〉《セーフティー・ファースト》は人心を指導して、帰趣《きしゅ》するところを知らしめるというが如き、偉大なる使命を有するものだと自負するものではないが、この主義は少なくとも、社会生活の信条として遵守《じゅんしゅ》すべき、活きた教訓であると断言するに憚《はばか》らない。

この主義は、物質的文明の進歩より生ずる災害を未然に防ぐことや、その戦慄《せんりつ》すべき災害を、人力の及ぶ限り、減少さすことに努めると同時に、各人が災禍《さいか》に対して、もつべき用意を、親切に説明せんとするものである。だからある意味より言えば、これを時代精神の鼓吹《こすい》とも解さねばならぬ。

日本国民は、今より物質的文明に進歩せねばならぬ。従ってその惨禍《さんか》の来《きた》ることを覚悟せねばならぬ。この惨禍避難策について、より深く、より大なる徹底した考えをもって、安全に平和に、この社会生活を営むという、心がけがあらねばならぬ。私がこの主義を鼓吹するのは、国民に生活の自覚を与える意味にほかならないのである。丁未出版社の、熱切なる希望を容《い》れて、この書を公《おおやけ》にした。

大正六年九月

著者しるす

時代の要求する精神

〈安全第一《セーフティー・ファースト》〉とは、現代の物質的文明に伴って発生する、さまざまの危険を防止する方法と、その基礎となるべき、根底の精神とを養うところの主義であります。現時、米国においては、熱烈にこの新しい主義を唱道《しょうどう》するのであるが、同国の社会は、この主義あるがため、安全を保障され、国家はいよいよ秩序ある発展をなしているのである。

現代の米国は、実にこの主義のために活き、かつ動きつつある状態であります。それでこの〈安全第一《セーフティー・ファースト》〉は、あらゆる工場や、鉄道や船舶や、鉱山や、道路や、もしくは自動車や、電車の如き交通機関にまで、遺憾《いかん》なく応用されているのである。

世が文明に進むと、人工が寡《すくな》くなって、器械の作業が多くなってきます。故《ゆえ》に人間の工業に対する活動も激しくなって、種々なる危険が伴って参ります。〈安全第一《セーフティー・ファースト》〉主義は、これらの活動から起こる危害を防いで、人の生命と財産の安全を強固《きょうこ》にし、同時に個人として、団体としての福利を獲得するというのが、その主要なる目的であります。日本でも工業に関する危害は、頻々《ひんぴん》として、発生するのであって、工場主においても職工においても、その生命と財産とは、たえず損傷されているのであるから、この禍害《かがい》に対しては、適当になんらかの方法を講究して、その救済策を施すの必要に迫っているのであります。

西洋の道徳の高い、先覚者の言った言葉に「吾々は日刊新聞の社会面に現われる、哀しむべき事件を見ては、娯《たの》しんで朝食も食べれない筈《はず》であるが、意外にも世人《せじん》は、これに無関心であるように見受けられる」とあります。これには、実際によく穿《うが》っている議論で我々が日々起こる怖ろしい、悲しい社会の出来事を考えたら、平気でそれを無視する訳には行かないのである。無残なる鉄道の轢死《れきし》、戦慄《せんりつ》すべき鉱山の爆発、船舶の痛ましい沈没、残酷なる建築物の火災、もしくは電車の衝突、自動車の事故など、実に我々の生存している社会は、悲惨の出来事のみをもて充《みた》されるような、感想を浮かべるのである。我々は何とかしてこの痛ましい災害を、社会の表面から取り去る方法を、案出せねばならぬ時機に迫っているのである。

米国の新しき活動

物質的文明の進歩している米国では、この文明に伴うところの危害、及び災害に悩まされることが甚《はなは》だしいので、あらん限りの労力をもちい、その最善の方法を尽くして、この危害を除去することに熱中しているのであります。それで米国はこの〈安全第一《セーフティー・ファースト》〉の精神を、多数の人に周知させる方法として、電車の昇降口とか、自動車とか、鉄道の踏切とか、工場とかに、ことさら目立つよう、〈安全第一《セーフティー・ファースト》〉という文字《もんじ》を掲げて、衆人の注意を喚《よ》び起《お》こしているのでありますが、なおホテルや、劇場や、料理店や、喫茶店のような、人の出入の頻繁なところにも、この文字が掲揚されているのです。

これは社会一般への警告でありますが、さらにそれを局部的に紹介すると、市俄古《シカゴ》のイリノイス製鋼所などには、この主義を全体に普及させ徹底さすために、その工場の屋根の上へ、イルミネーションで〈安全第一《セーフティー・ファースト》〉という文字を現わし、また幻灯《げんとう》などの作用で、この趣意を説明しているのである。しかも親切で、よく注意の行き届いている、この会社では、その職工に与える燐寸《マッチ》から煙草入れ、蟇口《がまぐち》より鉛筆の末《すえ》にいたるまで、みなこの〈安全第一《セーフティー・ファースト》〉という文字を記入しているのであります。

かかる状勢であるから、この〈安全第一《セーフティー・ファースト》〉主義は、いまや北米合衆国の全州を風靡《ふうび》する、盛んな精神であると言い得るのである。それでこの〈安全第一《セーフティー・ファースト》〉は、人々の見かたによると、一時の流行語のように思われるのであるが、私はこの主義を、そんな軽薄な意味のものとして考えたくない。これは文明の要求が生みだした、一個の時代精神であると解釈したいのである。

安全の語源

〈安全第一《セーフティー・ファースト》〉は、主義が新しいのと、語格があまりに通俗的なのとで、その本質が了解されないような傾きがある。だから時々この主義を称して消極的である、引込《ひっこみ》主義であると非難する人々もあるが、事実はまったく反対である。実にこの主義は大なる積極的のもので、文明の進歩に伴うところの活動的の主義であります。私はこれを根本的に解説してみたい。

「孝経《こうきょう》」に「上《かみ》を安じ、下《しも》を全うするは、礼より善きはなし」(※1)という語がある。この意味は、上は陛下《へいか》に対し奉《たてまつ》り、下は万民《ばんみん》に向い、至誠《しせい》を尽くして天下の安全を図れと訓《おし》えたものである。「安全」という言葉は、これから起こったのである。〈安全第一《セーフティー・ファースト》〉には、単に自己の身体を護《まも》るばかりでなく、進んでは君《きみ》を安んじ奉り、退いては民を全うするという、崇高《すうこう》な意義が含まれている。いま米国で使われている〈安全第一《セーフティー・ファースト》〉には、こういう崇高な精神は含蓄されていまいが、煎《せん》じ詰めると、その言葉は、「孝経」の教える意義と合致するのである。

「礼」とは人間の作法のことである。礼とは誠心《まごころ》を込めて物事をせねばならぬ。何事をするにも不注意であっては不可《いけ》ない、軽卒であっては善くないという、人間の心得を説いたものである。また「礼の要《よう》は和を貴《たっと》しとなす」と「論語」にあります。また「礼貌《れいぼう》」と言って、人間の交際には礼が大切であると言ってあります。これは万事が精神的でなければ不可ない、表面ばかりでは駄目であることを訓戒《くんかい》したのである。

古語に「礼といい礼というも玉帛《ぎょくはく》を謂《い》わんや」とあります。これは、人間があい会うとき、互いに玉帛を贈ることの礼儀を説いたものです。物品を贈って対人《あいて》に、外面の敬意を払うのはそもそも末《すえ》である。物品を呈するには精神が籠

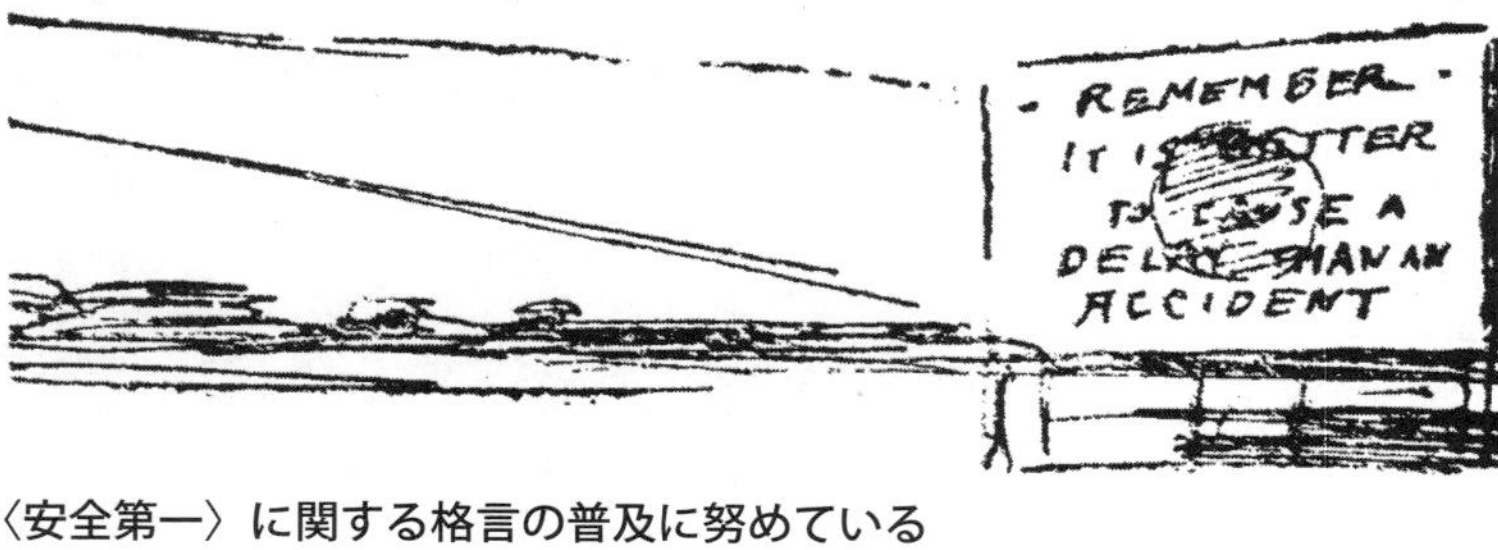

〈安全第一〉に関する格言の普及に努めている

もっていなければ、本当に敬意を捧げたのではないと誨《おし》えたのである。

人に交際するときは、よく注意をして、かりそめにも粗忽《そこつ》な振舞《ふるまい》なきようにするのが礼儀である。しかしこの礼儀というものは、物に対する時にも施さねばならぬ徳義である。「物に対する礼」といえば、語弊《ごへい》があるようだが、この物に対する礼が、やはり〈安全第一《セーフティー・ファースト》〉の精神から発《で》たのであるといわねばならぬ。

天然の保護

〈安全第一《セーフティー・ファースト》〉とは、事業をするときに安全ということに重きを置け、安全ということを第一に守れという

（※1）「孝経」は中国の経書で、曽子の門人が孔子の言葉を記したという十三経のひとつ。
この文は広要道章第十二に基づくものであろうか。

米国イリノイス製鋼所はかくの如くにして

警告であります。すべての危険や損害は、多く我々の不注意から生じます。誠意を欠くから起こります。物に対して礼の心を失うから発します。人間の義務として注意すべき点がここに三つあります。

第一　自分に対する注意
第二　他人に対する注意
第三　物に対する注意

（第一）自分に対する注意

自己の身体に注意するということは、何人《なんびと》でも異存のないところで、これを生物学的にいうと、あらゆる生物は、みな自身の安全を保つという天性を具《そな》えているのであるが、殊《こと》に下等動物などになると、天然が適当なる保護をこれに与えているので、小さな動物がもっている保護色というようなものは、みな天然が賦与《ふよ》した特別なる保護である。

例えば、樹の上に棲《す》んでいる蛭《ひる》や、草叢《くさむら》のなかに匍匐《はらば》っている蛇や、人家《じんか》の軒裏《のきうら》に巣をくっている蝙蝠《こうもり》などは、いずれも自己の生存のために、それ自身を保護する色を帯びているのであります。これらの心なき動物は、天災地変のくることを予知すると、その身に危害の及ぶのを怖れて、自分の居所《いどころ》を転じます。

家に火災の起こらんとする場合には、その家に棲んでいる鼠《ねずみ》は、すばやくその家を立ち去るとさえ言い伝えられ、堤防の土中に巣を造っている鼹鼠《もぐら》は、洪水の襲ってくる前に、その巣を逃げ去るとも言われています。その他いかなる動物でも、その身に危険が迫って来そうになると、いずれも全力をつくして、安全の天地へ遁《に》げ出すことに努めます。これはみな天然が、動物に危害を避ける本能を与えている証拠であるに違いない。

自己の保存に忠実になれ

人間も危険を避ける点においては、他の動物と変わりはない。けれども人間とほかの動物とには、少々異なったところがある。人間には霊的の智能があって、これは危険であるか、安全であるかを自分で判断する能力を備えています。しかし自分で危険と安全とを判定する能力をもっていることが、悪くすると是非の判断を誤る基《もとい》ともなって、計らず危険に陥ることもあるから、我々はよく沈着《おちつ》いて、危険に対する措置を誤らぬように、深く注意せねばならない。

人間が事変に遭遇するときは、場合によると自分の不注意のために、その貴《とうと》い生命を傷つけるばかりでなく、他人の身体にまでも危害を及ぼし、また大切なる物品をも破壊することがあるから、よくよく注意せねばならぬ。儒教に「身体髪膚《しんたいはっぷ》、これを父母に受く、敢《あえ》て毀損《きそん》せざるは孝の始也」とありますが、これは不注意のため自分の身体を傷つけることが、自分の過ちばかりでなく、生みの父母に対しても、申し訳のない罪であるということを教えたのである。つぎのような儒教の精神を説いた道歌《どうか》〔教訓的な短歌のこと〕がある。

我が身なお大事にせばや父母の
　残し給える形見と思えば
誰もみな心は父の形見なり
　辱《はず》かしめなよおのが心を
誰もみな体は母の形見なり
　疵《きず》をつけなよおのが体に

これは単に子供が、その父母に対して負うところの義務と責任を説いたものであるが、現代の倫理的見地からいうと、人間は単に父母ばかりでなく、国家や社会に対しても、また重大な責任のあるものだから、このような思想は、もっと広義に解釈する必要があると思う。

人のこの世に生まれたのは、偶然ではない。人間としてはそれぞれ重い使命を申しつかってあるのだから、我々はまず身体を大切にして、勇壮にこの社会で活動をなし、もって国家に貢献せねばならぬ。この大なる使命と目的が分ったら、我々は自己の保存に忠実となるべき筈《はず》であります。

職工が仕事をするときでも、それは自分の利益ばかりではない。その仕事をすることは、社会のため国家のためであるということが自覚されたら、我が身を大切にすることに気付くのです。工場で機械の作業をしているとき、いささかの注意を怠るため、非常な負傷をすることがあります。器械の仕揚《しあ》げをする際に、眼鏡を掛けることを失念し、それが怪我《けが》する基となって、生れもつかぬ不具となり、工場の梯子《はしご》を登るとき、その梯子の位置を確かめないため、墜落して大変な負傷をすることがあります。これらはみな自己の安全を思わず、事業の貴い意味を悟らない結果であるといわねばならない。

公共の道徳

（第二） 他人に対する注意

人は自分の身体に注意するばかりでなく、他人の身の上の安全にも充分の注意をせねばならぬ。我々の生涯には、自分が怠慢《なま》けてなすべき義務を尽さないため、他人に危害を与えることがしばしばある。例えば工場で機械の取り扱いを誤るために、自分も負傷するが、他人も巻添《まきぞ》えに遭《あ》わせて、負傷さすことがある。一寸《ちょっと》したことであるが、工場の通路に通行の邪魔となる、危険物を置き放しにしてあるため、他人に怪我をさすことがある。他愛心《たあいしん》が欠乏すると、こういう過害を招くのであります。

日本人は公衆衛生ということに冷淡である。肺病のような恐ろしい伝染病でも、自他の衛生に対して、はなはだ無頓着であるから、ますます猖獗《しょうけつ》の勢い〔猛威をふるうさま〕を逞《たくま》しゅうするばかりであります。我が国には現在、肺病の患者が七八十万人もあって、その死亡者が十数万人もあると言っておる。実に戦慄すべき状態であります。それから虎列拉《コレラ》、窒扶斯《チフス》というような、猛烈な伝染病に対しても、日本人は割合に無頓着であります。

伝染病の流行する際、その筋から生水《なまみず》は衛生によろしくない、生魚《なまうお》は危険であるとの諭達《ゆたつ》があっても、「俺が食って俺が死ぬるのだから、構わない」と言って、傍若無人な行為をいたします。実に乱暴な話である。かくしてその人が死ぬだけならよろしいが、それが伝染病に罹《かか》ると、何億という無数の病菌が発生して、その結果が他人に害毒を伝播することとなるのである。実に怖ろしいことである。

日本人の死亡率が、各国に比較して割合に多いというのは、大いに根拠のあることです。私は〈安全第一《セーフティー・ファースト》〉の主義を、ひろく公衆衛生の方面にも及ぼして、我が国民の衛生思想が、もっと進歩するように努めてみたい。

公徳心とは、一通りの知識ができて、かかる動作をなしては、他人に迷惑をかけるから、善くないという意識があればよいのであるから、公徳心のない人は、まず手っ取り早く、「他人に対する注意」ということを服膺《ふくよう》〔記憶して忘れないこと〕すればよろしい。

椅子の下にも〈安全第一〉がいる

天恵の保存

（第三） 物に対する注意

世の中に人の命ほど貴重なものはない。それでこの命を保存してゆくには、我々が天より与えられた万物を巧みに利用して、その存在を図るのであります。されば天与の万物を大切に保存するということも、まさに人間のなすべき義務であります。ところでこの天恵物が、はなはだ破壊されやすいのであるから、充分の注意をせねばならぬ。

人間の家屋や、器物などは、天災事変のために、脆《もろ》く破壊されます。地震、洪水、暴風などは、いわゆる不可抗力で、どうにもできませんが、火事などは人間の注意一つで、未然に防ぐことも容易であり、またその災害の程度を減少することもできるのでありますから、万物保存の貴き道念に従って、火事を起こさないため、火元用心することが肝要であります。

つぎは運輸交通に対する問題でありますが、これも人々の注意が足りないと、非常なる惨禍を惹《ひ》き起《お》こすのである。船の衝突、座礁、沈没などは、多くの場合、その乗組員の不注意から生ずるのであって、この損害は高価な船体や、積荷を台無しにするのであるから、実に悲惨《みじめ》なものである。汽車の衝突または脱線などにより生ずる惨害も、多数は従業員などの心得のよくない結果であります。

昔は天然の利源を開発することに熱中するの余り、無暗《むやみ》に山林を伐り出し、矢鱈《やたら》に鉱山を開鑿《かいさく》したものであるが、この欲求はついに水害となって、民を塗炭《とたん》に苦しめるというような不結果を生じたのである。遠大の計をなさずして、目前の利に迷った酬いは、こういう大破壊となるのである。

以上、述べたる訓戒を深く銘々の心に刻みつけて、我々はいかなる時と場合にあっても、注意の届く限り、力の及ぶ限り、万物の保存につとめ、その災害を未然に防ぐことに精神をもちいたい。〈安全第一《セーフティー・ファースト》〉はこれらの精神を鼓吹《こすい》するのであります。

人心の運転手

〈安全第一《セーフティー・ファースト》〉は、つまり注意の警告であります。故《ゆえ》に注意は、この主義の神髄であります。注意はこれを噛み砕いていうと、道を往くとき、車に乗るとき、仕事をするときに、過失をせぬよう、怪我《けが》をせぬように要慎《ようじん》することである。

(一)　不注意の行動をしないこと

(二)　躁急《そうきゅう》〔気がいらだちせわしないこと〕、軽率の挙動をしないこと

(三)　向う見ずの振舞《ふるまい》なきこと

(四)　放心を慎むこと

などが、注意の要点であります。人が過失をしたり、怪我をしたりするのは、この戒めのいずれかを等閑《なおざり》にするからであります。汽車の飛び乗り、電車の停まらぬさきの飛び降りなどで怪我をするのは、みな向う見ずの振舞の酬いであります。怪我をすると、後で必ず、もう少し注意すれば、この不幸はなかったであろうと、愚痴をこぼしますが、その時は「後悔先に立たず」で、もう取り返しがつきませぬ。

かりに人間の身体を汽車や電車にたとえてみますると、人間の脳は、身体を操縦する、運転手のような役目を勤めるものであります。もし汽車や電車の運転手が、その速力を調制《ちょうせい》することができず、車を停《と》むべき場合に、それを停め得なんだならば、危険物を避ける場合に、それを避け得なんだならば、当然の成り行きとして由々しき椿事《ちんじ》を惹《ひ》き起こすのであります。

道理はこれと一緒で、人間も自分の身体を支配する、脳の働きが鈍って、自分の行動を節制しえない状態となれば、我が身にも災害を受け、他人にも危害を及ぼすことになります。先年、米国で聴いたことのある「公衆の安全」という談話は、はなはだ適切な教訓に富んでいたと思います。その話の筋を簡約に、ここで紹介してみましょう。

恋愛と車の衝突

米国の鉄道の機関車に乗り込んでいた、一人の制動手《ブレーキマン》は、汽車のとおる途端《みちばた》に、愛する恋人をもっていました。この制動手は、列車が恋人の家の前を通過するたびごとに、列車の上から、その恋の婦人と目礼《もくれい》を交すのを、無限の快楽としていたのであるが、ある日のこと、通例の如く汽車が恋人の家の前に差しかかっているのに、どうしたものか婦人の姿が見えないのである。そこで制動手は気が気でなく、機関手にたのんで、特別にはげしく汽笛を鳴らしてもらったのである。この間、制動手は自分のなすべき職務上の注意は、そこのけにして、だらしなく機関手等と恋を物語つつ、ふざけていたのであるが、スワ一大事、この機関車は、前にあった列車と劇《はげ》しく衝突して、制動手は言うまでもなく、機関手も、火夫《かふ》も共々に、むごたらしい最期を遂《とげ》たのであった。

これがため制動手と婦人の間の恋愛は、瞬間にして失われて跡形もなくなり、婦人は歓ばしい結婚式を挙げる代りに、寺院に行って、未来の良人《おっと》の葬式を送るという、儚《はかな》い身の上となったのであります。制動手の瞬間の過ちは、哀しくもついに二人の永久の別れとなりました。

誰でも死ぬることは望まない。けれども職務に注意を欠くと、この制動手みたいな最期を遂るのであります。近頃、日本でも自動車の転覆や、衝突などが頻々《ひんぴん》と起こって、運転手や、乗家《じょうか》や、通行人などの、死傷がかなり多数にあるが、これらは運転手どもが、自他の安全を思わずして、徒《いたず》らに高速力で自動車を走らせたり、酒を呑《の》んで運転台の人となるような、向う見ずの亡状〔礼を失した言動〕をするからであります。無責任と、不謹慎とは、交通の衝《しょう》に当たるものの禁物であります。

一万弗《ドル》の警句

鉄道で死ぬる者、傷つく者は、日本に随分たくさんある。しかも統計のとりかたが異なため、精確に数字は掲げられないが、日本のほうが米国よりも、遥かに鉄道の死傷者が多いように思われる。これはすこぶる注目に値する問題といわねばならぬ。米国における鉄道の警語に「線路を横切るは近道なり、ただしそれは冥土に赴く近道なり」というのがある。また同国の鉄道の踏切に、**Stop**（止まれ）**Look**（見よ）**Listen**（聞け）という警句が掲げてある。これは踏切の通行者に対して、あせらないように、踏切を通り抜けることを注意したのであります。この警句は、某鉄道会社が、一万弗《ドル》という莫大な賞金を懸けて、募集した言葉であるが、いかにも語句が簡短で、しかもよくその要領を得ています。

踏切を通り越すときは、まずその前

交通の頻繁なる米国都市の道路も〈安全第一〉の設備あるためかくの如くに秩序が立っている

に立ち止まって、左右を眺め、汽車や電車は来ないであろうか、眼には何物も見えないが、汽笛の音はしないであろうか、信号は揚がらないが、車の響《ひびき》は聞こえぬであろうかと、細心の注意をなした上、もうこれなら大丈夫と思ってから、その踏切を通り越すようにすれば、決して間違いは起こらない。米国の鉄道会社が、その〈安全第一《セーフティー・ファースト》〉の主義を、普《あまね》く弘布《こうふ》するために、この簡短な言葉に一万弗を懸けたのは、高価なようであるが人の生命を救う点から打算すれば、甚《はなは》だしく廉価なものであると言わねばならぬ。

向う見ずと放心

「向う見ず」というのは、前後の弁《わきま》えもなく、安危《あんき》も構わず、自分の意志の動く通りに、放縦《ほうじゅう》なことをやり抜くことであります。

向う見ずそうかと言って後も見ず

という句があるが、自転車や自動車が、一定の目的もなく、必要もないのに、高速力で面白半分に、雑沓《ざっとう》する市街を駆け廻ることなどが、いわゆる向う見ずの行動であります。汽車や汽船が、必要もないのに、記録を示すため、快走するなども、均《ひと》しく向う見ずの類《たぐい》であります。

放心がまた向う見ずに酷似しています。少しばかり自警すれば、危険なくして済むことを、放心するがため、とんでもない間違いを惹《ひ》き起《お》こして、非常な損害を蒙《こうむ》ることがある。つまり、「向う見ず」は積極的の行為であって、「放心」は消極的の行為であります。向う見ずはせずともよいことをするので、放心は、しなくてはならぬ注意を怠るのであります。

人の放心が、恐ろしい災害を招くことについて、次のような事実があります。ある大規模の裁縫工場に雇われていた裁断人《たちかた》が、いましも自宅に帰ろうとして、巻煙草《まきたばこ》に火を点《とも》し、その燐寸《マッチ》の燃えさしを、何気なく卓子《テーブル》の下に投げ捨てたのであるが、そこにはたくさんの裁《た》ち屑《くず》が、山の如く積んであったので、火はたちまちその屑に燃え移り、その火がまた、彼方《あち》ら此方《こち》らに取り散らかしてあった、切れ屑に燃え拡がり、僅《わず》か十分も経たぬうちに、見る見るその工場の全部が猛火に包まれたのである。その時、工場に仕事をしていた職工は、男子が百五十人、女子が二百五十人ばかりもあったが、突然の火事であるから、大混乱をはじめ、工場の全部は、さながら阿鼻叫喚《あびきょうかん》の光景となったのである。

ところがこの工場は、消防の設備が不完全であったのと、肝腎《かんじん》な非常口も充分に設けてなく、職工の逃げ場といえば、ただ一本の段梯子《だんはしご》があるだけで、その梯子の上の窓も、かたく鎖《とざ》してあるので、無残にも多くの職工は、この猛火のために死傷したのであります。一本の燐寸を無意識に放るという、その放縦な行為はかかる大惨禍を招く基《もと》となったのであります。

火の用心と安全第一《セーフティー・ファースト》

火元用心《ひのもとようじん》は、家屋においても、工場においても厳重に守るべき要件であります。ことに我が国のような、木造の家屋のなかで、薪炭《しんたん》を焚《た》く習慣のあるところでは、火の用心がことに大切であります。我が国の火災の統計を見ると、明治三六年（一九〇三年）から同四〇年（一九〇七年）まで、五ヶ年間に消失した戸数が、十七万三千戸に達し、平均一ヶ年三万五千戸という割合になっています。実に驚くべき数字でありませんか。〈安全第一《セーフティー・ファースト》〉は、火元用心になくてはならぬ、最も適切な戒告であります。

化学工場で、薬品の容器が破裂するため、多くの人命または物品に、莫大の損失を来《きた》すことのあるのは、我々の見聞するところであるが、これは薬品の貯蔵法が、粗漏《そろう》なところから起こる結果であります。横浜商品倉庫とか、大阪にある東京倉庫支店などの大爆発(※2)は、実に惨憺《さんたん》眼も当てられぬ光景であったが、これは塩素酸曹達《ソーダ》の保存法について、何か粗漏のことがあったに原因するそうである。もっともその原因については取り調べ中であって、その原因が明確に判定していないのであるが、とにかく、どこか貯蔵法に欠点があったというだけは事実である。これが即ち放心から起こる大過失であります。

仕事に対する心がまえ

工場で仕事をする時は、注意がことに大切である。就業中は精神を散乱せず、仕事のことのみに没頭して、余事《よじ》を考えぬように心がけることが肝腎である。

警視庁の宮本工場長の語るところによると、東京市内における職工の負傷者は、昨年（一九一六・大正五年）一〇月が男女合計一千五十人、一一月が一千三十人、本年一月が二千人であって、そのうち、負傷したのち死亡した者が、二十人の割合になっておる。工場主はこれらの人々に療養費と、扶助料とを支出してい

（※2）前者は一九一七（大正六）年二月二日、横浜市内海岸通五丁目横浜商品倉庫で起こった薬品混合から発火爆発した事故。硫黄に塩素酸曹達や椿油などの箱が隣接する環境で搬出作業を行っていた（「東京朝日新聞」同年二月五日）。後者は同年五月五日、大阪北区で発生した爆発事故。四〇人以上が死亡、重傷者約五〇人、破壊または火災を被った建築物は工場や小学校や警察署など一〇〇以上（「大阪毎日新聞」同年五月七日など）。なお、爆発の様子は絵葉書（東京倉庫大阪支店大爆発 難波橋より見る）にもなるなど耳目を集めたようである。

〈参考〉神戸大学付属図書館デジタルアーカイブ新聞記事文庫　http://www.lib.kobe-u.ac.jp/das/jsp/ja/ContentViewM.jsp?METAID=00834156&TYPE=IMAGE_FILE&POS=1

るが、その金額は数千円に達するのである。そこでこの負傷の原因を取り調べてみると、おもに職工の仕事に対する不注意と、工場の設備が行き届かないことに帰着するとのことであった。

米国にある某工場では、職工の安全を図るため、左のような注意書《ちゅういしょ》が掲示されてあった。

《工場十訓》

(一)　汝《なんじ》は仕事のほか、何事も考えてはならぬ。

(二)　不必要な危険を冒《おか》してはならぬ。外見を誇るため、悪戯《いたずら》をしてはならぬ。不注意のため、三代も四代もの子孫にまで影響するような、負傷をしてはならぬ。

(三)　物事が自分の思う通りにならぬと言って、他人を悪口《あっこう》することや、怒ることはよろしくない。

(四)　工場にて自分のほかに同職の人があって、その人らの生命は、自分らの生命と同様に貴重であるということを思わねばならぬ。

(五)　仕事を大切になし、身体を大事にし、永く自分の職を続けるように心がけることが必要である。

(六)　機械が運転するときに、掃除をしてはならぬ。

(七)　自分の仕事のみに注意せよ。他人の仕事に気を取られるな。

(八)　シャツの裾を垂らし、上衣《うわぎ》の裾を緩くしておくと、機械に巻き込まれることがある。

（九）燐寸《マッチ》の殻や、油の浸みたものを床の上に捨て置いてはならぬ。油の類を軸受けにふり掛《か》けることは不可《いけ》ない。不潔な職工は不器用である。不器用な職工は同職の友に危害を与えるものである。

（十）開閉機や、発電機や、電線や、機関や、そのほか危険なりと教えられたものには、手を触れないこと。

このような注意書を掲示することは、我が国の工場でも、どうかして早く実行させたいものである。また米国サンターヘンの鉄道で作った《悪魔の叫び》という警語がある。これには強い閃《ひら》めきと、暗示が充ちておる。

《悪魔の叫び》

吾《われ》こそは悪魔の王である。我が力は世界における軍隊の総てを合わせたより、もっと強大である。吾は砲弾よりも猛烈である。最も有力なる攻城砲よりも、多数の人命を失わせておる。吾は合衆国ばかり、毎年、三億万弗《ドル》からの大金を掠奪《りゃくだつ》しておる。吾は誰でも容赦しない。富める者も、貧しき者も、若き者も、老いたる者も、強き者も、弱き者も、吾がためにその一身を犠牲とさせておる。吾は寡婦《やもめ》や、孤児にすら憐みを加えたことがない。

吾の影は、労働者の働く場所に映っている。砥石の廻るところも、鉄道列車の行くところも、みな我が勢力の範囲である。

吾は毎年、幾千万の労働者を殺して、彼らの悲哀を顧みない。

吾は人間の眼の及ばない場所にひそみ、人に知られないように仕事を行なっておる。人間どもは絶えず吾に対して警戒するけれど、ただの一度も吾の蹤跡《そうせき》〔足あと〕を発見したことがない。

吾は無慈悲である。吾は人間世界のどこにでも住《す》もうている。家にもいる。海上にもいる。

吾は人間を病気に罹《かか》らせ、死に至らせ、またそれを奈落に突き落とす力をもっている。

吾は破壊と、粉砕と、毀傷《きしょう》とを仕事にしている。人間の物は何でも取り上げるが決して一物も与えたことがない。

吾は人間の大敵である。

吾が名は不注意と申す。

社会生活と理想の道路

社会は多人数の寄り合いで成り立つものであるから、我々が社会にある以上は、共同の精神をもって、自分の周囲の人々のために、安寧《あんねい》と幸福とを図らねばならぬ。人間は孤独で生活のできるものでない。故《ゆえ》に山中にでも生活して、紅塵《こうじん》〔俗世間〕を避けるならば、浮世の煩《わずら》いもなく、気楽に一生を過ごされると思うような考えを起こしたら、人間として大なる料簡違いである。つまり人間はこの複雑な社会に生存して、そこに共同の趣味を感じて、愉快に生活するところに価値があるのです。

とにかく社会は多人数の集合体であるから、そこに秩序が必要になってきます。市街の道路などが、社会の秩序の上よりみて、最も緊要《きんよう》〔とくに大切〕なものである。

昔の道路と、今日の道路とは、非常な相違があります。往時は道路をゆくに、多数は徒歩したもので、たまに贅沢《ぜいたく》な旅行をする場合があっても、駕籠《かご》か馬かの交通機関により、それで大抵は徐行したものであるから、道路の危険というものは少なかったのである。それでかかる未開時代における道路は、幅の狭いのが通例であって、昔のポンペイの遺跡などを見ても、市街の大道路の幅が、僅《わず》か二三間《にさんげん》位しかないという有様で、その道路の中央には、石が建てられて、車などは通行のできないような構造になっていた。疾《と》く文明の発達した欧羅巴《ヨーロッパ》などでも、その片田舎に行くと、今でも狭くるしい道路に行き当たることがある。

ことに羅甸《ラテン》人種の住んでいる市街などには、甚《はなは》だしく狭隘《きょうあい》な道路があるので、更に東洋にくると、いわゆる肩摩轂撃《けんまこくげき》〔人や車馬で往来があふれるさま〕とでもいうような、かろうじて通行のできる道路がたくさんある

油断大敵＝危険は刻々に迫る

のです。支那《しな》は開港場でも、支那人の市街に入ると、すべて道路が狭いので、車も通ぜず、駕籠でなければ、通行のできないのがある。ことに内地の道路となれば、一層、狭隘なのであります。

文明と道路は、密接な関係のあるものだから、かかる道路は進歩した文明の生活には適しませぬ。人間が忙しく活動するようになると、交通の自在になることを希望するのであるから、したがって広潤《こうかつ》な道路を好むことになります。そこで道路もだんだんに理想的となり、交通機関もまた発達して、汽車や、電車や、自動車などの速力も高まるという順序になります。ところが我が国でも、西洋諸国の如く、交通機関が発達して高度の速力を要求する時代になりますと、勢い交通上の危険も増す訳であるから、現今のような道路は大いに改良して、大規模のものに拡張する必要に迫っていると思う。

電車の安全区域

亜米利加《アメリカ》は新興国であるから、都市の構造も壮麗であって、道路の幅も十分の余裕があり、しかもその道路の秩序というものが整然としていますから、交通は甚《はなは》だ便利であったが、近来、自動車や電車が著《いちじる》しく発達したので、この大道路《だいどうろ》もやや狭隘《きょうあい》を感ずるようになりました。ところが、我が国の道路は、新たに造られた市街のほかは、みな古くより自然の発達にまかせて造ったのであるから、どこの道路を見ても、すこぶる狭隘な感を催《もよお》すのであります。文明の発達の頻繁になる今日において、かかる旧式の道路が原型のままに保存さるることは、我々の忍び難いところであると言わねばならぬ。

道路は交通の安全を期するという思想をもって改修せねばならぬ。米国における都市の道路は、最も理想的に安全装置が施されてある。以前からして電車の乗降の場所には、一定の地を画して踏み石を置くというような、安全の注意が設けられていたのであるが、遺憾なことにはそれがまだ一般に普及されていなかった。しかるに今日となりては、往来のどこにいっても、「安全地域」が設置されてあって、赤く塗った円形の板に、白字で〈安全第一《セーフティー・ファースト》〉と誌《しる》した警告板が、この地域に掲げてある。それでこの地域には、徒歩者のほかは、何人《なにびと》も立ち入ることを許さない規定になっているのである。

我が国の道路にも、こういう形式の安全法が実現されて、交通の安全が保障されることになれば、人民のためいかに幸福であろうかと思う。

都市より郊外へ

文明の進歩とともに社会が発達すると、都市の住民はだんだんに殖《ふ》えてまいります。それで都市が発達すると、市民の生活状態は一変して、活動のうちに安静を需《もと》むるような傾向を帯びてきます。近来市民が都市の中心に活動の舞台をおいて、郊外に休養の天地を造るなどが、その著しい表現であります。

さて、都市と郊外とは、こういう事情のもとに、ますますその距離が遠ざかるのであるが、かかる状態になる主なる原因は、電車や自動車が、日を追って郊外に発展するからである。

桑港《サンフランシスコ》あたりでは、無数の自動車や、馬車や、電車などが、高速力を出して織るが如くに市街を駆けているのであるが、さらに市俄古《シカゴ》、紐育《ニューヨーク》などに行くと、これにも増して交通の頻繁な光景を描いているのであります。これは彼らの生活の状態を物語るところの活画《かつが》であるが、日本の都市も、早晩かかる壮快な光景を現出するに相違ないと思う。

米国ではかほどに道路の交通が頻繁であっても、道幅に充分の余裕があって、人道と車道が、はっきり区画されてあるのと、進む道、退く道の区別も整然とつけてあるから、いかに交通が頻繁であっても、道路は極めて安全であります。ところが遺憾ながら日本には、まだこういう風に、立派な秩序の立っている道路が乏しいのであるから、今ある道路取締規則を、充分に励行《れいこう》する必要があると思う。

道路のおきて

道路の安全は、通行者がその規則を遵守《じゅんしゅ》することによって実現されます。各人が〈安全第一《セーフティー・ファースト》〉ということを念頭に置いて、通行するなれば、道路の危険は著しく減少するのであります。英国にては、米国のように道路の災害が起こらない。というのは英国人が道路の秩序を重んじ、その道路の取締規則を従順に守るからであります。英国人はよく物事の秩序を重んずる国民であります。彼らの品性は、実に美《うる》わしく発達しています。

日本人はとかく、ものの規則を無視する性癖があります。相当に教育のある人でも、規則に明るい人でも、定まった掟を破ることを恥辱《ちじょく》と思わず、それをかえって得意がる気風があります。日本人の公共心に欠乏せることは、実に慨嘆《がいたん》の至りであります。我が国の道路は、西洋のそれに比較して、すこぶる混乱の状態にあります。米国にては、篤志《とくし》少年団という一隊が組織されてあって、これを十字街頭に立たせ、それに公衆の注意を喚起させ、通行人に道路規則を遵守するよう勧告しています。これは道路の安全を保つ上について、善き思いつきである。

幾年前のことであったか、警視庁では、道路にあって通行人に「左へ左へ」を教えたが、この制裁のため道路の秩序は美事《みごと》に整いました。欧米では国によって「右へ右へ」と定まっているものもあるが、右でも左でもよろしい。その規定のあるために、通行人が規律正しく、一定の方向に歩くことになれば、道路安全も目的は達せられたのである。日本でも〈安全第一《セーフティー・ファースト》〉の観念が、もっと発達したら、これよりも進歩した形式の安全策が、実行されるに違いないと思う。

群集心理

本来、人間は社交的である。故《ゆえ》に我々はいろいろの公会に参列することもある。娯楽のために演劇や相撲を見物することもある。寄席にいって遊ぶこともある。また青年の時代には学校にゆき、職工はその生活のために工場に働き、病気に罹《かか》ると病院に入ります。〈安全第一《セーフティー・ファースト》〉は、多数の人間が寄り集まって雑沓《ざっとう》するとき、それを鎮静させて、過失のなきよう、椿事《ちんじ》の起こらぬように注意するのであるから、群集の場合に、この主義を活用することが、最も必要であります。

劇場、相撲、寄席などは、ことに混雑するものであります。その退散のときなどは、木戸口に観客が押しかけて、随分やかましく騒ぐものであります。それでこの混雑のためには、怪我人を出したり悪くすると火災を起こしたりするが、実に公衆に対する節制のない人間は困ったものであります。〈安全第一《セーフティー・ファースト》〉は、かかる際に、静粛《せいしゅく》を重んじて喧噪《けんそう》せず、緩々《ゆるゆる》と順次に木戸口に出るように教えるのであります。教育のある人は、素養がありますから、混雑の中にいても節制をするのが、無教育な者は、己《おの》れの修養が足りないから、喧噪して自ら死地に陥るような行為をいたします。〈安全第一《セーフティー・ファースト》〉は、群集の騒ぐときに、精神を落ちつけて、狼狽《ろうばい》しないよう、軽率に流れぬよう、ひたすら、自他の安全を計るように教うる、通俗教育であります。

多数の人間の集まる場所には、いわゆる群集心理というものが働いて自分の心と異《ちが》っている心に支配されやすいものであります。かかる場合には、よほど精神のしっかりした人間でないと、間違っている多数の心理に巻き込まれてしまって、自分の心にもない挙動をすることになる。ところがこの場合に節制と秩序を重んずる多数の人々がいれば、いかに道理の判らぬ連中が騒ぎ廻っても、紛擾《ふんじょう》は起こらず、よし紛擾したところで、ただちに鎮静するのであります。私は群衆心理から生ずる弊害を、〈安全第一《セーフティー・ファースト》〉の主義で一掃したいと思うのであります。

長崎県西彼杵《にしそのぎ》神浦《かみうら》の芝居小屋に起こった火災は、ちかごろの惨事であります。この惨禍《さんか》は死傷者に対し、興業者に対し、実に同情に堪えないのであるが、この災害は、また一面我が社会に対する痛切なる警戒とも見られるのであります。この火災では焼死者が百名近くもあり、重傷者も九十名以上あったそうであるが、その火元は、わずかに一服の煙草《たばこ》の吸殻である。人間の不注意ほど恐ろしいものはない。

沈着が生命の仇《あだ》

群衆の場所において災害を惹《ひ》き起《お》こすと、その災害から直接に受くる損害よりも、狼狽《ろうばい》するために蒙《こうむ》る損害の方が、遥かに多量である、という実例は少なくない。

火事の際などが、ことにそうであります。故《ゆえ》に火事となったら精神を沈着《おちつ》けて、その火事を拡げないように働き、自分を護《まも》り、他人を救助することを考え、その損失を考え、その損失をできうるだけ軽減することに、最善の努力をせねばならぬ。

しかし非常の場合に沈着いているのが、かえって生命を失う基《もと》となることもあるから、かかる際には臨機の措置を誤らないように、細心の注意を必要とする。大阪商船会社の一汽船が、朝鮮の近海で、暗礁《あんしょう》に乗り揚げたとき、船長は直《すぐ》に端艇《ボート》をおろして、乗客をそれに乗り移らしたのであるが、乗客の中にいた一人の文学士は、船長の切なる勧めにも従わず、泰然自若《たいぜんじじゃく》として本船の上を離れなかったのである。この文学士は、高等の教育も受け、座禅にも長じた人であるところより、端艇で逃げても、死ぬる者は死ぬるに決まっていると諦《あきら》めてしまい、ひたすらその死生《ししょう》を運命に任《まか》せていったのであつた。

しかるに第一回の遭難者を乗せた端艇は、無事にむこうの陸地に着き、船客を上陸させて、二回目に本船へ引き返したのであるが、その時は本船はすでに沈没して、この文学士も、船とともに海底に沈んでいたのであります。これは非常のときの沈着きが、かえって身の災《わざわ》いとなった実例であります。実に気の毒な話であります。

生きんために死す

これは事変に際して、沈着《おちつ》いているのが身の仇《あだ》となって、悲命の最期を遂げた話とは反対で、変災《へんさい》のとき、あまりに早急《さっきゅう》すぎた処置を採ったのが、不幸の基《もと》となって、思わぬ危難に遭遇した実話であります。

日露戦争のとき、常陸《ひたち》丸と共に露艦の砲撃を受けた佐渡丸は、やにわに端艇《ボート》をおろして、一部の人々を避難させたのであるが、意外にも船体の損傷が少ないために、沈没もせず、佐渡丸はかろうじて撃沈の不幸を免れたのである。これがため船内に残留した兵士は、無事なることを得て、安全に上陸したのであるが、手廻しよく端艇を漕ぎ出して、逃げ延びた人々は、海上において九死一生の憂き目に遇《あ》い、中には生死のほども覚束《おぼつか》ないという、気の毒な人もあったそうである。このような出来事は、その時の事情によるから、その非常の場合に、いかなる措置を採ってよいか、事前には判断はつきませんが、いずれにしても、かかる際には、深く原因を探求して、臨機《りんき》の措置を採ることが必要であります。臨機の措置は、狼狽《ろうばい》してはできません。非常の時に狼狽することは、くれぐれも失敗の基であります。

船舶が遭難するとき、よく乗客は一方の舷側《げんそく》に片よりやすいものですが、船舶はこれがため、傾斜の度を強めて、ますます危険の状態に陥るものです。しかるに乗客はそれに気付かないのが普通であります。かかる危険の状態に瀕《ひん》するときは、〈安全第一《セーフティー・ファースト》〉を心に銘じて、冷静に安危《あんき》を考え、その危険の状態より逃れ出ずる方法を執らねばなりませぬ。

鉄道の安全第一《セーフティー・ファースト》

米国の鉄道会社では、〈安全第一《セーフティー・ファースト》〉を実行するために、一つの会社で、数十万円の金を投じて、なお惜しまないというほど熱心であります。彼らは、大体左の三方面に分けて、その〈安全第一《セーフティー・ファースト》〉を実行しているのである。

（一）線路、車両、転轍機《てんてつき》、信号のようなすべての機械を改良して、危険の程度を減じること。

（二）〈安全第一《セーフティー・ファースト》〉の掲示をして、従業員や公衆を警戒すること。

（三）駅長、助役、機関士、そのほか列車の関係者全体に〈安全第一《セーフティー・ファースト》〉主義の教育を施して、職務上の過失や怠慢を戒めること。

多くの米国鉄道は、あい争って線路の保護と、改良につとめ、電気装置の自動的信号器や、転轍機や、その他の設備に莫大の資金をかけて、〈安全第一《セーフティー・ファースト》〉を図っているのである。現に南太平洋鉄道において採用している信号器は、一哩《マイル》について四千八百円を費やしたもので、その改良した鋼製の車両は、数年前にくらべて倍額以上の製作費を要しているのであります。この改良は、これまで一つの貨物列車にかかった約五万円の金額が十万円に上り、旅客列車の十万円が二千六万円に上っているのであります。米国の鉄道が安全本位をとるために、どれだけ多くの費用と労力を惜しまないかは、これらの事実が明らかに証明するのである。

鉄道の機関をいかに改良してみたところで、その従業員の精神が革《あらた》まり、仕事のうえに注意深くならなければ、せっかくの安全策も無駄骨折りとなり、仏作って魂を入れない始末になるのであるから、鉄道の〈安全第一〉《セーフティー・ファースト》を実現するには、是非とも機械の改良とともに、従業員の改造をする必要があります。

近来は、各種の機関の製作が精巧を極めていますから、その作用《はたらき》がだんだん複雑になりました。故《ゆえ》にその取り扱い方を誤ると、危険の程度も、昔日よりは大きくなりますから、従業員の注意ということも、ますます大切になってきました。合衆国の最大なる資本を持っている会社は、その従業員に向かい、熱心に〈安全第一〉《セーフティー・ファースト》の趣意を鼓吹《こすい》しているのであるが、その方法はさまざまにあって、著書の刊行、雑誌の発行、演説、幻灯《げんとう》、活動写真、音楽など、あらん限りの方法を利用しているのである。

米国ではこういう絵画を一般に配布して電車の危険を防止している

改革された米国の鉄道

鉄道事故は、衝突、脱線、火災事故などが多数を占めていますが、合衆国における一九一五年の統計を見ると、その事故が著しく減少しているのであります。これは言うまでもなく〈安全第一《セーフティー・ファースト》〉のもたらした偉大なる賜物である。

合衆国、北西鉄道の統計によると、〈安全第一《セーフティー・ファースト》〉を鼓吹《こすい》し始めてから、僅々《きんきん》五十二ヶ月のあいだに、鉄道事故の数が約一万一千三百十一回も減じているのである。それで従来の例によると、一回の事故の損害高は平均三百二十八円になっているから、結局《つまり》、この事故の減少のため、会社は二百六十万円の経費を節約した計算になるので、一ヶ年に約六十万円の利益を獲《え》たわけになる。

これは単に、事故の減少から直接に獲た利益に過ぎないのであるが、このほか、間接に挙がってくる利益は莫大なものであります。たとえば〈安全第一《セーフティー・ファースト》〉の主義の普及された結果として、従業員の過失が寡《すくな》くなるから、従って事故に備えるため、特別に高給を払っておく職員を置く必要がなくなり、従業員が恐怖の念を去り、安心して仕事をすることができるから、事故が少なくなり、世人は従業員を信頼するに至るから、会社の信用はますます厚くなって、いよいよに事業は盛大になるという、好結果を来《きた》すのでありま す。このような変化は単に会社の利益ばかりでなく、国家にとりてもまた至大《しだい》なる幸福であるといわねばならぬ。

以上は、北西鉄道における、成績の一端を示したものであるが、合衆国における鉄道全体の被害を、審《つぶ》さに調査したところの報告によると、これまで鉄道事故のために支出した損害賠償額は、総収入の二分の二五(※3)という高率に上っているのである。この事実は、どれだけ鉄道の従業員と、その関係者に不安の念を起こさせたであろう。合衆国における鉄道会社が、かかる有形無形の損害の事実に震撼《しんかん》して、莫大な金を惜しまず、奮《ふる》って〈安全第一《セーフティー・ファースト》〉の鼓吹に全力を尽くすことになったのは、実に当然の結果であると信ずる。我が国の鉄道は、これらの情勢に鑑《かんが》みて、深く自ら反省すべき筈《はず》であると思う。

鉄道安全と白熱的の運動

米国の鉄道が〈安全第一《セーフティー・ファースト》〉の精神を普及する活動の状況は、実に白熱的であります。サンターヘン鉄道においては、自動車に音楽隊をのせ、美妙なる音楽を奏しながら、鉄道の構内を乗り廻し、従業員の休憩所の前にくると、自動車を停め、そこで音楽の手を休めて、次のような〈安全第一《セーフティー・ファースト》〉の鼓吹《こすい》の演説が始ま

(※3)「二分の二五」の意味は不明だが、原文のママとする。

ります。「諸君は音楽を好みますか、きっと好むに違いない。しかし一朝《いっちょう》その生命を失うならば、音楽を聴いて娯《たの》しむことはできません。故《ゆえ》に諸君は、線路にあって汽笛の音を聞いたら、直ぐにその場を立ち去るのです。かかる場合には、原因の如何《いかん》を質《ただ》す必要はありません。瞬時も早くその危地《きち》を脱出するのです。これが諸君にとって、最上の安全策である。人の生命は、個人から見ても貴重であるが、社会にとつても大切であります。故に諸君は、自己のため、社会のため、その生命を完《まっと》うするの義務があります。」

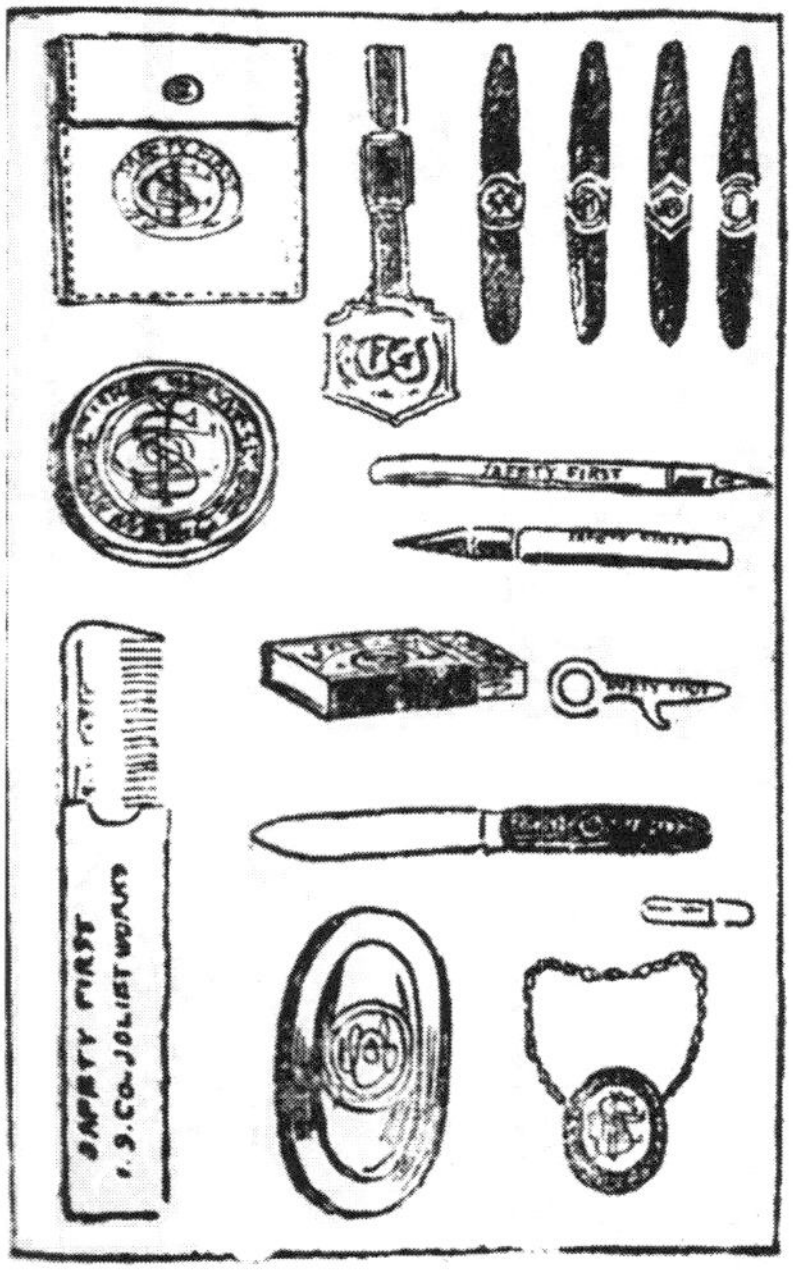

イリノイス製鋼所の
〈安全第一〉を記入する器具

かかる方法のほか、南太平洋鉄道などでは、安全装置に関する展覧会を開いて、これを従業員に観覧させ、大なる刺激と奨励とを与えているのであるが、なおまた青年会館をも設置して、〈安全第一《セーフティー・ファースト》〉に関する講演会をも開いているのである。

斯《か》くして危険は防止さる

紐育《ニューヨーク》で、こういう活動写真を見せていた。一人の鉄道従業員は、会社に出勤する前、家庭で妻と口論したのであるが、自分の職務についた後も、綿々と夫婦喧嘩のことを思いつづけ、うっとりと線路の上を歩いているのであった。すると思いがけなく、汽関車が従業員の後ろからきて、彼を轢《ひ》き倒し、無残にもその片脚《かたあし》をもぎ取ったのである。このフィルムは、職業と家庭の関係を、巧みに説き明かしてあります。

セントラル鉄道会社は、この種のフィルムを各駅に廻送して、従業員の職業に対する、安全の精神を刺激したのであるが、この計画は、ことのほか好成績を挙げるに至ったそうである。同会社は、かくして〈安全第一〉《セーフティー・ファースト》の必要を、従業員に徹底させたのであるが、その効果は著しく、二ケ年のあいだに、従前と比較して百六十一人の死亡者と、二千人の怪我人を減じたそうである。

また大北鉄道会社(※4)においては、事業の安全を保つため、次のような《安全心得》を会社の要所要所に掲示して、従業員の注意を促しているのである。

(※4)米国北部を横断するグレート・ノーザン鉄道のこと。

《安全心得》

（一）本社に就職せんとする人々に告ぐ

（二）自分と同様に、他人も危害に罹《かか》らぬよう、甚深《じんしん》の注意を払う人でなければ、本社に就職してはならぬ。本社は不注意の人を採用することを好まない。

（三）あらゆる手段をもって、災害と損傷とを防止するのは、人間の義務である。そしてこの義務は自分のためにも、他人のためにも負わねばならぬ。

（四）安全の保護あることを認めた上でなければ、危険の場所に立ち入ってはならぬ。また確実に安全を認定した上でなければ、他人をそこに立ち入らしてはならぬ。

（五）たとえ仕事が遅くなろうとも、災害を招かないようにすること。

（六）少しの怠慢《おこた》りから、思いもよらぬ災害を生ずることがある。

（七）本社の使用人は、みな一様に、どんな場合でも、災害を惹《ひ》き起《お》こさぬように、注意する責任がある。

（八）安全に関する規定に背くときは、自分と一緒に他人の生命をも失うことになる。

（九）仕事にかかる前に、〈安全第一《セーフティー・ファースト》〉を思うことが肝要である。

安全を守ることは、一人からいえば、小さいことのようであるが、多人数が安全を守ると、非常に大きな成績を挙げることになる。これは統計の証明するところである。

（十）安全を守ることは、一挙一動に効験《こうけん》〔よい結果。ききめ〕が現われる。

（十一）すべてに安全が保護されてあるのを確かめたら、直ぐに邁進して仕事に着手すること。

（十二）災害を避けることに努力せよ。

（十三）仕事をするとき、他人のすることに注意していないと、その人を傷つけることになる。

（十四）災害を生じないように注意するのは、単に他人の利益ばかりではない。

（十五）不安全な道具で仕事をしないこと。もし道具が悪ければ、その由《よし》を組長に報告するのがよろしい。

（十六）負傷したときは、その傷が微少であると思っても、すぐに医師の手当てを受けること。

（十七）安全装置は、決してその位置を更《あらた》めてはならぬ。それを更めるときは、自分で手を触れないようにして、当事者の来るのを待つことになさい。

（十八）安全委員でも、監督の不行届《ふゆきとどき》のこともあるから、自分で安全なるか否《いな》かに注意せねばならぬ。

（十九）危険掲示に注目することを忘れてはならぬ。そして他人にも、この掲示に注意するように尽力すること。

（二十）安全装置は、それを設けた意味を了解して使わねば、何の効力もない。

（二十一）よく注意する人は、よく仕事をする人である。不注意の人は、仕事のできない人である。

（二十二）安全を護《まも》る装置があれば、それを利用せねばならぬ。そして仮にも危険を冒《おか》してはならぬ。

（二十三）機械の修繕を終わったときは、その運転を始める前に、保護と安全装置を元の通りにしておくこと。

（二十四）危険のことがあると思ったら、その状況を自分の組長または監督に報告せねばならぬ。これは各自の義務である。

（二十五）掲示は、すべて危険の存在することを警告したものであるから、この警告には服従せねばならぬ。

（二十六）電気は危険であるから、濫《みだ》りに弄《もてあそ》んではならぬ。

（二十七）頭上を運搬する貨物のあるときは、注意してその下に立たぬようにせよ。

（二十八）従業者は、破れた衣類を着てはならぬ。破れた衣類は機械に巻き込まれる恐れがある。

（二十九）組長の制止を聞かずして、不注意なことをする者があったら、組長はそれを解雇してもよろしい。

（三十）職工どもに、その使用するところの道具、機械を適当に検視さすことは多くの災害を防止するに効力がある。

（三十一）他人にも、危険に対して注意をさせ、自分においてもそれに注意するのは、安全の策である。

（三十二）仕事に注意することを専一となし、自分も同職の友も、災害に罹《かか》らぬように心得ること。

（三十三）危険が近づいたのを感知したら、直《す》ぐ他人に注意せよ。たとえその注意を受けたる人が、この危険を感知していても構わない。もしその人が危険を感知しなかったら、注意をしたために、他人は危険を避け得るのである。

（三十四）仕事に不注意なると、無頓着なると、向う見ずは、晩《おそ》かれ早かれ、自分と他人の身の上に危険を受けることになるのは明白である。

（三十五）近道をするため、危険の場所を跨《また》ぐことを、厳禁しておく。

（三十六）従業者は、どんな仕事でも、自分に与えられた道具でするのは当然であるが、時々、その道具を検《しら》べ、それに欠点があるのを発見したら、直ぐ報告するがよい。

（三十七）本社は各従業者が、協力一致して災害を避けることに努力されんことを切望する。

（三十八）職務上、やむを得ざる場合のほかは、機関車、揚貨機《ようかき》、その他動体《どうたい》のものに乗らないこと。

（三十九）本社は、各従業者より、危険の性質を帯びるものは、何事でも直ぐに報告されんことを希望す。

（四十）道を横切るには、道路からすること。軌道を横切る前には、止れ《ストップ》！見よ《ルック》！聞け《リッスン》！の警戒に注目せよ。

（四十一）従業者一同、この〈安全第一《セーフティー・ファースト》〉を服膺《ふくよう》すること。

鉄道従業員に警告す

大北鉄道会社の〈安全第一《セーフティー・ファースト》〉に対する用意も、実に至れり尽くせりでありますが、その他の鉄道会社も、またこれに少なからず、経費と労力とを投じて、あらゆる危険の防止につき、適当の方法を講究しているのである。

たとえばペンシヴァニア鉄道会社の如きは、〈安全第一《セーフティー・ファースト》〉主義の普及のため、雑誌を発行しているのであるが、その発行部数は、十五万にも上るそうである。この会社では、また時々、従業員に対する試験を行って、いかに〈安全第一《セーフティー・ファースト》〉の主義に基《もと》づける規則が実行されているかを検査するなど、注意に寸分の抜かりが無いのである。しかもこの会社では、一九一一年このかた、災害予防に関する一つの局を設置して、〈安全第一《セーフティー・ファースト》〉の実行を期しているのであります。実に用意周到といわねばなりません。

この鉄道会社では、傷害の防止について、様々の注意をしたのであるが、その結果として、だんだんに鉄道事故が減少したのであった。同会社の鉄道事故のため生じた、死傷の統計を見ると、年々歳々、その数字を減ずるのであって、一九〇七年に九百十六人であったものが、翌年には七百四十三人となり、それから六百四十三人となり、五百八十五人、五百二十七人、四百九十七人、四百六十三人というように、低減しているのであります。

我が国の鉄道にもかなり事故が多いのであるが、一日もはやく鉄道の〈安全第一《セーフティー・ファースト》〉を実施して、その災害を防止する必要があると思う。もっとも米国と日本とは国情が異《ちが》っているし、経済の点にも大なる相違があろうから、全然、米国に模倣して、大仕掛《おおじかけ》の安全装置をすることは、事情が許さないのであるが、理想から言えば、日本の鉄道が、なるべく短時日《たんじじつ》に、米国式と一変するように致したいものだ。

鉄道本院や、運輸事務所にては、相当に計画を立てて、鉄道の安全法の実行に努めているのであるが、今日の場合、なお一段と従業員の注意を喚起するように、奮励《ふんれい》されんことを、切に希望してやまない。

工場の安全第一《セーフティー・ファースト》

世界における工業発達の沿革を繹《たず》ねてみると、工業はいずれも、簡短《かんたん》から複雑に進み、小規模から大規模へ進んでいます。つらつら未開時代の状態を顧みますに、人智の発達しない時代は、ほとんど工業と称すべきものはなく、僅《わず》かに工業があったにしても、それは極めて単純なる、手仕事に過ぎなかったのである。古代のあらゆる民族について研究してみても、現時における亜弗利加《アフリカ》の内地の人民や、南海諸島の土人のことを考えても、みな直接自分の必要に迫った物品を造り、それを自分のために、使用するに過ぎないのである。故《ゆえ》に今日の文明国の立場から見ると、これらの未開国の人民がする作業は、ほとんど工業と名づくることはできないのであります。

文明が進歩すると、単純であった作業は、しだいに複雑となり、動力などでも、人力によって、動かされていた器具が、空吹く風や、流るる水の如き、天然物を利用することに変化したのであります。しかもこれらの天然物には、一々人工《じんこう》を加えて、それを科学的に改良し、石炭を燃焼して蒸気を発生させ、それを動力に使用して、機械を運転さすとか、電気、瓦斯《ガス》などを応用して、動力を起こすとかいうように進化したのである。それで製作及び工業に用いる機械類に至っても、種々なる発明によって、改良に改良を加えられ、また運転の緩慢であったものも、しだいに速力を増すに至ったのである。

それから工場の組織や規模もついて見るも、原始時代は別問題として、工業のいくらか進歩した時代には、機械を利用したとはいうものの、その組織はまだ単調なものであり、規模も極めて狭小で、いずれの工場も、少数の職工を使用するに過ぎなかったのである。しかるに動力の激増は、これらの組織及び規模を進展させて各工場ともできうる限り、多数の職工を収容し、その生産力を増大することになっている。

我が国においても近年著しく工業が発達して、工場の数も激増し、その規模も宏大《こうだい》になったのであるが、しかしこれを欧米の工業に比較してみると、なお月鼈《げつべつ》〔月とすっぽん〕の相違がある。実に遺憾千万《いかんせんばん》である。しか

添乳にも〈安全第一〉を守れ

し我が工業の将来は、必ず欧米のような、進歩する状態になるであろうと、予期せざるを得ない。

文明と悲哀の影

私は先年、北米合衆国を漫遊して、同国の著名なる工場を親しく縦覧《じゅうらん》することを得たが、その規模の宏大《こうだい》であったのには、そぞろ感嘆の情を禁じ得なかったのである。

スケネクタディーのゼネラル・エレクトリック会社（※5）、バッツバーグ附近のウエスティングハウス会社、ボストンのウォルサム時計会社、市俄古《シカゴ》付近のゲーリー製鋼場、イリノイス製鋼場、デトロイトのフォード自動車製造場の如き、いずれも工場の面積が広大であって、あるものは一哩《マイル》二十五平方に及び、その使用人の数も、多きは六万五千人、少なきも一万人を下らないという有様であった。実に盛大なものである。なおこのほか電気会社、化学工業会社もしくは汽車製造会社など、その規模の壮大であったのには、驚嘆したのであります。

米国の工業界は、かくの如き状態で、殷盛《いんせい》〔きわめて栄えること〕を極めてはいるが、その工業が発展しているように、

（※5）スケネクタディー Schenectady はアメリカ合衆国ニューヨーク州にある都市。本社ではなく工場所在地であろう。

その半面には、また事業から生ずる災害が、頻発するのであった。現に北米合衆国における工業労働者の死傷は、夥《おびただ》しい数字を示しているそうで、最近同国における各種の産業を通じての統計によると、一ヶ年の死傷者が三万五千人、負傷者が二百万人あるそうです。米国がほとんど狂熱的であるかの如く、〈安全第一《セーフティー・ファースト》〉を叫ぶのは、かかる事情が余儀なくさすのであります。

姑息《こそく》なる日本の工業界

維新以来、我が国の工業は、漸進的《ぜんしんてき》にその発達をなしていたが、日清、日露の戦役は、この緩慢《かんまん》な状態を打破して、我が工業界を著しく発展させたのであります。しかも今度の欧州大戦争〔第一次世界大戦一九一四〜一八〕は、特に大なる刺激を我が工業界に与えて、その振興を促しているのである。しかし、工業が進歩すると、勢い欧米の工場で見るような、痛ましい災害が、連発して来るのであるから、識者はこの問題につき、充分の研究をなして、工業における災害防止の方法を講究《こうきゅう》する必要があると思う。

我が国の工業に従事している労働者は、いかなる理由によって死傷するのであるか、これを調査してみると、だいたい左の四ヶ条に基づいているのである。

（一）　近来の工場は、多く倉庫の間に建築してあるため、充分の安全装置がされていないこと。

(二) 製品の注文に追われるため、工場を姑息《こそく》〔その場しのぎ〕に建築すること。

(三) 工場を拡張する際、粗略なる増築をするため、工場が不安全に陥ること。

(四) 事業の膨張とともに職工の不足を告げるため、仕事に経験もなく、また技術においても未熟な者を雇《やと》い入れること。

燐寸一本からこの惨火

工場の建築が、かくの如くに不完全であって、なお職工の技術が未熟であれば、災害の発生するは当然の結果であります。これらの不備な点は、一日も早く改造せねばならぬ。しかも我が国の工場には、衛生上の設備が、すこぶる不充分であるが、これも大なる欠陥の一つに算《かぞ》えねばなるまい。

米国の模範工場

米国イリノイス製鋼場においては、職工を採用するとき、まず《使用人の安全に関する作業規則》を示して、その規則の意味を充分に領得させたる上、その志望者を採用することになっている。その規則の「はしがき」にある社長の注意は、工業家の大なる参考になるであろうから、次にこれを訳出する。

《使用人の安全に関する作業規則》

(一) イリノイス製鋼会社は、各使用人が、自分の安全と、僚友の安全のために、甚深なる注意をなすように希望する。

(二) 工場内に備えてあるすべての危険なる機械と、その機械が動く場所を防衛することと、できうる限り使用人の安全を図ることは、本社のこれまで執っている方針であります。《使用人の安全に関する作業規則》は、すでにまえかたより各工場において実施するものも多くあるが、本社はこれを一括して、厳重なる規律となし、それを各使用人に守らせてこれまでよりも一層注意深き習慣を作らしたいのである。

(三) 安全は各使用人の協力によって、その効果を顕《あら》わすものである。しかも一人の不注意は、それ自身の損害ばかりでなく、同輩にも危険を及ぼす患《うれ》いがあるから自分の安全を図ると共に、同輩の安全にも配慮せねばならぬ。

(四) 出来事は予期せざる時に、突発するから、不断の注意が肝要であります。諸君は、本社の与えたる《作業規則》を、従順に実行して、協心戮力《きょうしんりくりょく》〔目的のために心をあわせ協力すること〕その安全を図るならば、自他の幸福を保証することができます。

（五）その規則を守らない人々は、ただちに本社を辞し去るがよろしい。もしも規則に服従しない者を発見したら、本社はその人を解雇することに躊躇《ちゅうちょ》しません。

（六）本社は使用人一同の安全を計るために、その希望を述べるのであるが、特に係長、職工長、そのほか使用人の上に立つ人々に対しても、直接に命令を発して、一般の安全に関し、適当なる注意を払うよう申し渡すのであります。

（七）本社はこの規則を設けて、安全法実行のために、懲罰を厳重にするけれども些細の怠慢のため、直《す》ぐに使用人を解雇するような苛酷《かこく》なことはしない。なんとなれば、過失あるため、直ちにその使用人を解雇するがごとき方針を執らば、技能ある職工は、次第に減少するの恐れがあるから、なるべく彼等を保護する方針である。

（八）たとえ僅《わず》かな怠慢でも、それが故意でした行為でなければ、その理由を説明するがよろしい。但し、自分と他人の安全について、最善の方法を尽すことを喜ばず、また会社の事業の成功するために協力せず、ことさらに、怠慢な行為をする職工を発見したら、容赦なく即時に、それを解雇するのである。

（九）職工は工場のいかなる部分にあっても、できうる限り安全の処置を執ること。

（十）機械と、その機械の動く場所は、一度安全にせば、その後少しの注意をしないでも、永久に安全であると思ってはならぬ。

（十一）工場には、動く機械あり、動く貨車あり、動く材料がある。本社はそれらに対して、充分の安全装置をしてあるけれど、なお不注意のために怪我人を出すのであるから、このことを記憶せねばならぬ。場所の安全よりも、人間の安全は一層大切であります。

（十二）工場内には、常に幾人かの、仕事に経験のない参考者がいることを、記憶せねばならぬ。彼等はどこに危険が伏在《ふくざい》しているかを知らないから、危険の近づいた時は、その新参者《しんざんしゃ》に警告する必要がある。

（十三）前方に何人《なにびと》もいないことを確かめた上でなければ、貨車を動かし、また機械を運転させてはならぬ。

（十四）特別な仕事をするために、使用される者は、自分と他人の安全たることが、仕事よりも大切であることを牢記《ろうき》〔心にとどめ忘れないこと〕せねばならぬ。如何《いかん》となればその協同の作業をしている者のうち、一人にても怪我する者がいれば、その仕事は不成功に終わるからである。

（十五）如何《いか》なる規則も、心得も、または機械に取り付けられる安全装置も、保護物も、警戒表示物も、銘々《めいめい》が注意を怠るならば、何の効用も無いことになる。

（十六）如何なる事情のものにあっても、注意深くあれ。注意は人間に最も必要なものである。諸君はこの注意を自分の主義となさい。注意が習慣となれば、決して危険に遭遇するものでない。

（十七）かかる規則を従順に守る工場には、危険の恐れあるべき道理がない。イリノイス製鋼場は、かかる規則が実行されてこそ、充分に発展し得るのであります。

幼年から青年まで

〈安全第一《セーフティー・ファースト》〉は単に鉄道や、鉱山や、工場や、道路ばかりの問題に局限されるものではない。もっとこの主義をおし拡《ひろ》げて、教育及び家庭、そのほか一般の衛生にもあてはめて、応用したいものである。

まず家庭のことから言うと、俚諺《ことわざ》にもある通り、家に子供の生れたのは、千両箱が一つ殖《ふ》えたようなものであります。実に嬰児《あかんぼう》は家の祝福であります。しかし日本人は、この大切な子宝を、とかく粗末に取扱います。いや粗末にするばかりでなく、その掛け替えのない子供を、乳呑児《ちのみご》のうちに死去させるのでありまます。これは我が国民に、衛生上の知識の充分でないことを証明するのであります。母親が添乳《そえちち》をしているときに、その乳房で無意識に嬰児を圧迫して、気息《いき》を止めることなどは、往々にしてある実例だが、これが衛生上の注意の足りない証拠であります。

幼児を育てるには、母乳が一番よろしい。牛乳などは母乳に遥か劣っているとは何人《なんびと》も熟知している事実である。ところで日本には、幸いにも母乳で育つ幼児が多くて、乳児千人のうち、七百五十九人までは、母乳で育つという有様であります。故《ゆえ》にこれを欧米の如く乳児の大部分を、牛乳で育てる国に較べると、日本の子供の発育は、非常に良好でなければならぬ道理であります。

ことにドイツの如く、千人のうち七分《ぶ》まで、牛乳で幼児を育てるのに比較すると、その発育において大なる相違のあるべき筈《はず》ですが、世界の乳児の死亡率をみますと、死児は日本に多くて、欧米に寡《すくな》いのであります。これは我が国の育児法に、種々なる欠点のあることにも基因するのであろうが、その主なる理由は、育児に対する衛生が不充分だからであろうと思う。私は、〈安全第一《セーフティー・ファースト》〉の精神を育児にも適用して、養育の安全というものを、講究してみたいと思う。

我が国の親達は、子供の腫物《はれもの》のできるのを、体毒が吹き出るのであると喜び、洟《はな》を垂らすのを健康《まめ》な徴《しるし》であると歓《よろこ》ぶのであるが、これらは子供の病的状態に暗いことを現わすもので、同時に衛生思想の欠乏することを、表白《ひょうはく》するのである。また我が国の親達は、子供の眼を洗わず、口の掃除もしてやらないから、子供は不幸にも眼病に罹《かか》り、歯痛《しつう》に苦しむのであります。これらは些細《ささい》のことのようだが、みな親達の不注意から生ずる禍害《かがい》であります。ことに母達は、子供に乳を呑ませ過ぎます。食物を与え過ぎます。断えず間食をさせます。これが実に良くない習慣であります。この点を〈安全第一《セーフティー・ファースト》〉主義が改良したいのであります。

ちかごろの青年は、学問上の注意が足りないから、往々過度な学問をして心身を害《そこな》うことがある。私は毫《ごう》も学問することに反対はしない。けれども学校の成績を良くするために、身体を害うまでも学問するという現代学生の風習には同意されない。たとえ学校の成績が良くても、それがため身体の健康を害い、延《ひ》いて精神を衰弱させ、精神が悲観に陥って、徒《いたず》らに空論を好み実際を軽んじ、活動を蒼蠅《うるさ》がるようになっては、たとえ学校は優等で卒業しても、社会のため何の利益にもならないのである。かかる青年は学問上の〈安全第一《セーフティー・ファースト》〉を体得して、志を遠大にもち、一時の功に躁《あせ》らず、現在も安全であれば、将来もまた安全であるという万全の方針を執るよう勧告したいのであります。

危険に予告はない

鉱業は山の仕事で、坑《あな》に入り、火薬を取り扱い、金《かね》を鎔《とか》し、または各種の運搬などをするのだから、平地の事業とは異《ちが》って、すこぶる危険性を帯びているのである。故《ゆえ》に〈安全第一《セーフティー・ファースト》〉は、ことにこの仕事にも必要であります。

鉱山では仕事に熟練なものが、時々、思いがけなき負傷をすることがある。これは仕事に対して、綿密な注意が足りない酬《むく》いであります。仕事に熟練なものは怪我《けが》を恐れて用心することを、恥辱《ちじょく》の如くに考える気風があって、仕事を呑んで掛かるから過失を招くのであります。これに反して新参者《しんざんもの》が怪我をしないのは、自分の技術の未熟なことを思って、仕事をするとき怪我をしないように、細心の注意をするからであります。そもそも危険には予告はない。危険は人の思いがけなき時に突発するのであるから、いかに熟練な者でも仕事に対しては怖れと、謹《つつ》しみの心をもって掛かねばならぬ。

鉱山には安全ランプがあるにかかわらず、それを使用せずして裸体火《はだかび》を持ち廻るものがある。これがまた熟練なものにあるのだから始末に終えないのであります。彼等は裸体火で一度も過失を招いたことは無いから、安全であると思っているが、災害は過去になくて、現在と未来にあるのだから、「今」の場合を慎まねばならぬ。大胆なことをする本人は平気であるが、坑内の瓦斯《ガス》は、裸体火の来るのを待ち受けて、爆発しようと用意しているかもしれない。恐るべきは人の安危《あんき》を思わぬ大胆の行為である。これは一例に過ぎないが、鉱業にはすべての局部において、こういったような危険が伏在《ふくざい》しているに違いない。

海運の将来

米国では鉄道、工場、鉱山、及び火災などについては、盛んに〈安全第一〉《セーフティー・ファースト》を唱道しているのであるが、まだ船舶にはこの主義を応用することを論ずる者がない。これは米国が三百万方里もある、大陸に与えられている、広大なる天然の利源を開発することに急なため、海上のことまで注意する余地が無いことに、基因するものであると思う。

しかし私はこの主義を、単に陸上のみに制限せずして、海上にも活用し、これを海陸にわたる普遍的なものにしたいと思う。我が国の形勢は、四面環海《しめんかんかい》の地位にあります。故《ゆえ》に外国との交通も頻繁であります。それからまた属地との連絡も、すべて船舶によるのであるから、国家の利益からいっても、海運はできるだけ発展さす必要に迫っているのであります。この点は、既往《きおう》において朝野の人士が、熱心に唱道したところで、すでに国論も一致しているから、何人《なんびと》も異議のあるべき筈《はず》はない。

さて、欧州の大戦争についても、我が国は物質的に莫大の利益を占めているのであるが、これは単に我が国の位置が便利だからではないので、海運について多年培養した萌芽が、今に至って生長し、ついには枝葉《しよう》が繁茂して、喬木《きようぼく》となったようなわけなのである。故に今後はますます奮励《ふんれい》して、我が海運の事業を発達させる必要があります。要するに海運の事業は、我が立国の基礎であります。そして我が国の形勢からいって、どうしてもこれを促進させねばならぬ事情に迫っているのであります。だから現在も、また将来も、海運に重きを置かねばなりませぬ。

しかし我が国民は、とかく海上の生活を嫌う風習があります。波濤《はとう》は親しげに、懐かしげに我が海岸を訪れて、国民を海へ海へと呼び出しているのであるが、国民はこの声に応ずる勇気がありません。これは既往において我が国民が、幕府の鎖国主義のもとに圧迫されて、海の活動を禁遏《きんあつ》されたため、海は不安なものである、恐ろしい所であるという、恐怖の念を抱くようになった結果であると信じます。されば今日の場合、海は安全なものである、愉快な所であるということを、国民の精神に吹き込むことが、将来の海運を発達さす上について、最も必要な条件であると思う。

航海の安全を破りたる報いは覿面

航海の安全第一《セーフティー・ファースト》

海上は絶対に安全なものとは言えない。海上の危険は絶無とは言えない。けれども現今《げんこん》の有様からみると、海上の方が、陸上より遥か危険が少ないと言うことができるのである。船舶にはさまざまの安全装置があり、航海には厳重な規律があって、海上の安全を保障してあるのだから、旅客も意を安んじて航海ができるし、荷主も信用して、貨物を船に託しうるのであります。

ことに近来は、造船術も著しく改良されて、船体には完全なる隔壁なども設置されてあるから、船が衝突した際、たとえ一部に損傷があっても、他の部分には損害を及ぼさない仕組みになっているし、船底にはまた各艙《かくそう》があって、二重底になっているから、衝突、座礁《ざしょう》などの場合でも、船は容易に沈没しないことになっている。

なおまた、近来は船の建造が堅固《けんご》になって、粗末なる木造船は、堅牢《けんろう》なる鋼鉄船になるような有様で、その鉄の厚さ、鋲《びょう》の大きさなども、船体の長さ、巾、大きさに図って、必要な制限を設けられているし、機関には安全弁その他の装置があって、危険の予防に必要なる措置を執る設備もあるから、極めて安全である。

しかも船舶の運航には、海図、磁石、望遠鏡、測量器、晴雨計などの備えもあり、近来はまた無線電信の装置もあって、海陸の通信も便利となり、ことに沿岸危険の場所などには、航路標識、または灯台などがあって、一朝、暴風の危険あるときは、それを救助する準備もあり、万一のときには乗客に救命具を与え、船に備えた救命艇で、その危難を救うことになっているのであります。それから海岸には救難場の設備があって、船が危険に瀕するときは、直《ただ》ちに救命艇を漕《こ》ぎ出《だ》して、それを救助し、貨物の運搬には、海上保険があるというように、海運のことは何から何まで、手落ちのないように、安全装置が施されているのである。

しかし、この通りに、安全装置が施されてあっても船長、船員がこの安全設備の目的を了解せずして、その利用に努めないならば、折角の設備もその効用が無いことになる。故《ゆえ》に全船を統括する船長はもちろんのこと、機関長、機関士、運転士等は、よくその部下を統率して、充分の注意を用い、水夫、火夫《かふ》、その他のものはよく上長の命令を遵奉《じゅんぽう》して、航海の安全ということを、瞬時も念頭より忘却せぬように努めねばならぬ。

船内にては、職の高下《こうか》にかかわらず、一同よく規則を遵守《じゅんしゅ》して不注実の行動なきよう心得ねばならぬ。一人の不注意から起こる災害は、船の全体の運命にかかわるもので、これがため幾百万円の船舶及び貨物は失われ、また金銭で購《あがな》いがたい人命をも亡くするに至るのであるから、乗組員たるものには船の〈安全第一《セーフティー・ファースト》〉を瞬時も念頭より離さぬように心がけねばならぬ。これは単に乗船員自身のためばかりでなく、実に公益のためであります。されば作業をするとき乗組員どもは「たとえ仕事は遅くとも危険を冒すよりは優る」ということを深く心に銘しておかねばならぬ。

大西洋で沈没した、世界の巨船タイタニックの最期は、世界を驚倒《きょうとう》させた、最大の惨事でありますが、さらにこの惨事を惹《ひ》き起《お》こした事情を審《つまび》らかにするに至っては、なおさら震駭《しんがい》〔ひどく驚きおそれふるえる〕するのであります。本船の乗組員は、始めからこの航路の危険なことは、予知していたので、その遭難の当時にあっても、危険の信号は受け取っていたのであるが、それにも構わず、航海に注意をせず、無闇《むやみ》に高速力を出して、航行を続けたのである。この巨船が、無惨《むざん》にも氷の塊に衝突して、船体を破壊し、あのとおり多数の乗客や、乗組員や莫大の貨物を海底に沈めたのは、乗組員がその速力の記録《レコード》を誇らんとした、単なる功名心から起こった惨禍《さんか》であります。恐るべきは人間の不注意であります。

安全博物館設置の急務

我々が〈安全第一《セーフティー・ファースト》〉主義を鼓吹《こすい》する目的は、日に月にますます増加せんとする各種の災害を防遏《ぼうあつ》〔侵入や拡大などを防ぎとめること〕するにある。けだし国運の進歩に伴い、将来災害の数を増加することは、自然の成り行きをもってしては、避くべからざることである。故《ゆえ》にあらかじめ博《ひろ》くその原因を調査し、根本的に災害防遏の方法を講究するにあらざれば、ついには悔ゆるも及ばざる状態に陥るのであります。

災害を防遏せんとするには、まず第一に災害に関する統計を明らかにし、第二にその統計に現われたる事実について、仔細に原因結果の関係を尋究《じんきゅう》せねばなりませぬ。単に一二《いちに》の事実についてのみ研究するも、統計的に全局に渉《わた》る形勢を明らかにするにあらざれば、一般的に災害防遏の手段を講ずることが不可能であると同時に、単に数字を羅列するのみにて、原因結果の関係を明確にするにあらざれば、これまた災害の防遏を計ることができないのであります。これを要するに繁多《はんた》なる災害事故を統計的に分類して、その各部に渉り、いちいち原因結果を明らかにすることによって、始めて世人の注意を喚起し、災害の防遏を庶幾《しょき》〔こいねがうこと〕するを得るのであります。

しかして一層深く世人の注意を喚起するには、災害の原因結果を実物的に解説するに如《し》くはない。近年諸外国において、安全博物館を設置し、災害防遏の手段となしつつあることは、最もその当を得たるもので、我が国においても、速やかにその例に倣《なら》い、博物館を設置するの必要あるは論をまたぬのであります。

安全博物館は、我が安全第一協会が極力その施設を慫慂《しょうよう》〔人に勧めること〕せんとするところであります。そもそも災害の防遏に関しては、北米合衆国はもちろん、その他の諸外国においても、種々なる方法によって努力を払われつつあることは、前にしばしば説述《せつじゅつ》せるところの如くで、すなわちその方法としては、講演会を開き、活動写真会を催し、あるいは図書を印刷し、または掲示書類を頒布する等、ほとんど至らざるはない有様であるが、なかんずく最も効果の完全なるは安全博物館であります。

現に欧米諸国において、安全博物館の設置せられたるものは二十三ヶ所以上に及び、すなわち左の諸都市においてはその設置を見ているのであります。

アムステルダム　バルセロナー　ブカレスト　伯林《ベルリン》　ブルッセル
ブタペスト　コッペンハーゲン　ドレスデン　フランクフルトマムマイン
グラツ　ヘルシングフォールス　倫敦《ロンドン》　ニユレンベルグ　ミラン
モントリオール　ミユンヘン　紐育《ニユーヨーク》　巴里《パリ》　ペトログラード
ストックホルム　ウイーン　ウルッブルグ　チユリヒ

右のうち巴里においては、安全博物館と衛生博物館の二者が分設されており、またアムステルダムにおいては工場災害及び疾病防遏博物館と社会事項顧問局とがある。しかしてこれらの博物館はいずれも災害を研究し、その原因を解説して、これが防遏の方法を講究するを目的とし、概ね官設に係るものであります。なお前記のほかにブレーメンに市民社会博物館があり、シャロッテンブルグにも工場衛生博物館がある。もって諸外国が如何《いか》に安全博物館に重きを置きつつあるかが知り得られましょう。

今二三《にさん》の安全博物館についてその内容を説明せんにいずれの博物館も、それぞれ有益なる材料を蒐集《しゅうしゅう》しているが、ことに工場衛生に関しては、ウイーン、巴里、ミラン等に設置してあるものが、最も注目に値するのであります。

工場に従事する職工に対する危害は、その発生する原因種々ありといえども、なかんずく塵埃《じんあい》、毒煙、過労、神経衰弱、飲酒、及び機械運転速度の超過等によるものが最も多いのである。しかして前記の各博物館においては、これらの原因を研究して、それぞれ救済法を講じている。たとえばミランの安全博物館の如きは、高層なる建物に最新式の実験室、病室、講義室、図書室等を設け、特に鉛、水銀、亜砒酸《あひさん》等より生ずる害毒に関して調査し、また疲労より生ずる毒素、筋肉の活動より生ずる毒素、神経消耗等に関しても、動物を利用して実験を施している。その他一般に人の健康に害ありと認めらるる各種の工業について、洩《もら》さずその結果を調査している。かくして工場主に甚《はなは》だしき負担を課すことなく、災害を除去することに努めつつあるのであります。

いずれの博物館においても、調査した事項はこれを公にし、またその研究調査を依頼する者があるときは、これに応じて調査し、その結果を示すことになっているのであるから、その効果の少なからざることは、けだし言をまたぬのであります。

また博物館は工場監督官と工場主の間に立ちて、大いに利益を与える場合がある。例えば工場監督が、工場主に対し、ある施設を命じたる場合、もし工場主において不服あるときは、博物館について詳細なる事項を学び、これによって監督官の命令の当否を判明することができるのであります。

米国におけるある工場主の告白するところによれば、もしその工場主にしてつとに安全博物館を参観したならば、幾多の不必要なる死傷を予防し得たであろうと言っている。また職工等にあってもこの博物館を参観した者は、その仕事に従事する上について、少なからず注意を喚起する効果あることは、一般の認めるところである。要するに安全博物館は資本主並びに職工に対しもしくは一般公衆に対し、災害予防の点について、少なからざる効果を奏せるものなることは、甚だ著名なる事実である。しかして主人と雇人との関係を円満するの効果もまた顕著なりと言わねばなりませぬ。

米国において初めて設立せられたる安全博物館は、すなわち紐育におけるそれであるが、その設立趣意書には左の意味のことが記載してあります。

「当博物館は、安全並びに衛生を研究し、その方法を調査し、あらゆる各種公私の工場にこれを応用せんことを目的とす。この目的を達するため、博物館、図書館、実験室等を設け、人命を安全ならしめ、その健康を維持させる点において各種の実験を遂げ、かつこれを説明し、講演し、あるいは印行《いんこう》しまたこれを公示す」と。

同安全博物館はもとよりその商品を売却する商業機関ではない、したがってここに陳列する物に対しては、何らの報酬をも受けない。また同博物館は安全、健康に関してはもちろん、あるいは職工の幸福、工業上の技術並びに学理等に関してもまた有益なる調査をなし、良好の成績を挙げんとしつつある。いま同博物館の分類を示せば左の如くであります。

第一部　総括部

△汽缶、コンテーナア、気管　△動力機械　△動力電導機

△電気　△起重機及び扛上機《しじょうき》　△火災及び爆発
△職工の個人的用意　△雑類

第二部　特別部

△鉱山　△石坑、掘鑿《くっさく》　△溶鉱炉及び鋳物場《いものじょう》
△金工　△木工　△化学工業
△石及び粘土　△繊維工業及び織物　△紙及び印刷
△食料品　△農業　△建築
△陸運　△海運　△救急治療

工場衛生

△空気、光線、水の試験に関する器具機械　△健康に有害なる物質の陳列
△通風　△採光　△塵埃《じんあい》及び瓦斯《ガス》の排泄
△伝染病、肺結核　△浴場、食堂、換衣室　△大小便所
△職工の個人的用意

社会衛生

△改良住居　△食物　△年金
△雑類

前記合衆国の博物館においては各部に相当なる専門家を置き、安全、衛生、及び幸福に対して施設したる事項の適否を判定せしめ、また参観人に対しては、陳列品について一々説明し、もしくは解説書を備え付けてある。陳列品はすべて出品者の負担とし、もし運転する必要があるときは、博物館の指揮の下に出品者においてこれをなすことになっているのであります。

同博物館は、日曜、大祭日を除き、毎日開館し、無料にて公衆の観覧に供し、また請求に応じ、特に学生もしくは職工の団体に対して、参観の便利を与えることもあり、ことに鉄工部の如きは実物大の安全装置を備え、説明に努めています。

すべて工場における機械類は、模型または写真をもって網羅し、一々説明を加えてある。その品目は鎔鉱炉、溶解炉、ベセマー、鉄塊《てっかい》、軌条《きじょう》、スケルプ、スラッピング、電気鍍金《ときん》、管《かん》、針金製造機械、動力室、ヤード、ショップス、電気及び運送等であって、これらのある物は専門技師、工場監督官等によって調査されつつあるのであります。

また館内に一室を設け、特に発明家のために便宜を与え、すなわち発明家は開館中その室において、無期にて自由に研究をなし得るのである。もっとも試験に要する材料は各自これを携帯することとなっており、しかして館内備え付けの物品を破損したるときは、これが賠償の責に任ぜねばならぬことにしてあります。

その他同博物館には図書、雑誌、幻灯《げんとう》、特別報告を蒐集してあるが、また博物館の主催として、時々講演会を開き災害予防及び工場衛生に関する説明に努めている。現に鉄工部の如きは各地の工場を巡回して講演をなし、博物館において研究せられ、もしくは実験せられたるところを、各工場の監督者支配人、技師、職工小頭等に説明している。ある場合には工場の高級職員のみを集めて講演を試みたこともあるが、かくの如き場合においても、なおかつ聴講者は三百人ないし二千百人に及んだということであります。

同博物館はその講演、著述、並びに応答によって、全国に関係を及ぼし、工場及び職工労金問題等に関してもまた力を致せることは少からぬのであります。

安全博物館は当然労働者と密接の関係を有するものであって、かつてミネソタ州において、労働省局長と協同して災害予防に関する講演会を開いたこともあり、目下同州において〈安全第一《セーフティー・ファースト》〉運動の盛んなのは、けだしこの講演が起因となったのであると言われています。

各州の労働委員は、しばしば安全博物館を参観するが、また労働者の当該局においては、博物館をもって工場監督官の練習所に充てている。実際において危険を予防すべき最新式の方法は、この安全博物館について研究するよりよきはないのであります。

災害保険会社の事務に従事する監督技師も、また安全博物館において研究するをもって大いに便利なりとしているが、現に旅行者保険会社の如きは、かつてその監督技師一同を集め、特に安全博物館について研究させたということであります。

しかも政府においてもまたこの安全博物館を重要視し、ことに海軍省は先年そのヒラデルヒヤ海軍工廠《こうしょう》に、博物館の当局者を招請して視察を遂げさせた結果、同廠内における安全装置について有益なる注意を喚起したので、海軍大臣はその報告に接し、これを謄写させて各鎮守府に送付したことがあったが、その後一九一二年に再び工場の検閲をさせ、報告書を作製したということであります。

米国の安全博物館は、世界各国における安全博物館と連絡を通じ、常に報告、図表等を交換しているが、ことに有益と認められるは、紐育の小学校において、同市教育局の指揮の下に、各教室につきて安全に関する説明を与えたことである。その際講話を聴きたる児童の数は実に七十八万人に上った由で、またこれに続いて私立学校においても同様の講演をなし、約十五万人の児童に聴講せしめたのであります。

最後に米国の安全博物館が施行する事項中について特に記載を漏《もら》すべからざるは、同博物館が五個の金牌を保管することである。この金牌はすなわち災害予防及び工場衛生を奨励するために、博物館において適当なりと認むる者に寄贈する権利を附与されたものであって、そのうちの三個はアメリカ学芸雑誌社、旅行者保険会社、ルイス・リビングストン海員協会よりの寄附に係り、残余のうち一はハリマン氏の記念牌で、鉄道における災害予防並びに衛生に関して功労あるものに寄贈するを目的とし、他の一はアルゲマイネ・エレクトリック会社の寄附に係り、電気工業に関する災害予防並びに衛生についての発明をなしたものに寄贈することを目的とするものであります。

本邦においては、工場法施行以来日なお浅く、工場における危険並びに衛生に関して、詳細なる統計を欠くため、災害の程度を明確に説明し得ないのを遺憾とするのであるが、工場の幼稚なる現状より推測するときは、欧米に比して災害の繁多なるべきことは断言を憚《はばか》らないのでありますが、米国においてすら工場における災害の五割以上は予防し得べき性質のものと認められている位であるから、我が国における災害の多数が、施設の如何《いかん》によって防遏し得られることは想像に余りあるものであります。

安全第一協会は、すなわちこの目的に向って猛進するものであるが、設立後日なお浅く、僅《わず》かに雑誌を刊行するのほか、充分の活動をなし得ざることを遺憾とします。故《ゆえ》にこの際速《すみ》やかに政府当局者において安全博物館を設置せられんことを刻下《こっか》の急務なりと思料《しりょ》し、ひたすらその実行を祈って止《や》まざるものであります。

これら施設の必要は、ひとり工場のみでなく、鉄道に、鉱山に、はた一般衛生に、いずれも切実にその必要を感じているのであるから、この際東京、大阪等の大都市に安全博物館を設置し、模型図表等を蒐集陳列して、災害のよって起こる原因を明らかにし、その結果の恐るべきを示し、安全第一協会と提携して、あるいは通俗講話会を開き、あるいは幻灯《げんとう》、活動写真等を応用して、災害予防に関し、一般公衆の注意を喚起することは、すこぶる緊要のことと信ずるのであります。

安全第一《セーフティー・ファースト》の真意義

世人は〈安全第一《セーフティー・ファースト》〉について誤解をしておるように思う。故《ゆえ》にその大体の趣意を述べて、誤解をとくことにする。そもそも私の主張する〈安全第一《セーフティー・ファースト》〉というのは、唯《ただ》、自己の安全を許れば、それでよいとか、また自分さえ安全であれば、他人はどうでもよいという意味ではない。

元来、私は極めて冒険を好むものである。しかしながら、冒険といっても、無法、無鉄砲ではいけない。冒険をなすには、自ずから順序と準備がなくてはならぬ。だから私の〈安全第一《セーフティー・ファースト》〉を主張するのは、注意深くあれ、無益なる危険を冒すなかれという、趣旨であります。

普通に災害の起こる場合は、多く人の不注意に胚胎《はいたい》するのであります。人がこの世に存在している以上は、できるだけ活動をせねばならないのであります。故にこの活動を好まぬことになれば、その安静を保つため、山林にでも隠遁《いんとん》するほかはない。私は世人が活動をするに当たって、万事《ばんじ》によく注意をなし、よくその方法を研究して、我らがなすべき義務のために、最善の努力をするように勧告したいのである。

たとえば旅行するにしても、あらかじめ目的を定め、地理を案ずることが必要である。また高山に攀登《はんとう》するにしても、これをなすに、あらかじめその地勢を究めず、必要なる糧食を携帯せず、その他、登山に必要なる準備を整えずして、濫《みだり》に高岳峻嶺《こうがくしゅんれい》を攀登するが如きは、最も冒険であると言わねばならない。

しかも、私は、熱心なる海外発展論者であって、我が同胞が、海外の新天地に発展することを希望するものであります。しかしながら徒手空拳《としゅくうけん》、何等の知識をも蓄えず、何等の準備もせず、漫然と海外に渡航する如きは、たまたま、一身を誤るに過ぎないのであるから無謀の策と言わねばならぬ。

また致富《ちふう》の方法として、米穀株式のごとき投機に、手を染めることは、私の好まないところではあるが、これをなすには「組織ある投機《オーガナイズド・スペキュレーション》」でなければならぬ。この投機で成功するには、あらかじめその調査と功究《こうきゅう》が必要なのであります。こういう風に、何の事業でも、何の計画でも、まずあらかじめ準備的の調査が要るのであります。ここに〈安全第一《セーフティー・ファースト》〉が要るのであります。

世人は、軍人が国家のために死ぬるのを、〈安全第一《セーフティー・ファースト》〉主義に反すると言っておる。しかし、私の主張する〈安全第一《セーフティー・ファースト》〉は、不必要な場合に、身体を危険に曝露《ばくろ》することを避けよという意味であります。人間が国家を組織する一員として、共同の利益のために、その身体及び財産を犠牲にすることは、国民としては当然の義務である。これは畢竟《ひっきょう》自己の身体財産よりも、公衆の利益を保護することが、より以上に必要だからである。

私は義《ぎ》士《し》銘々伝《めいめいでん》の講談を聞くことが好きだが、その興味は単に主君の仇《あだ》を報じたというばかりでなく、その目的を遂げるため惨憺《さんたん》たる苦心をした点にあるのです。いわゆる四十七士はその仇を報ずるまでに、多くの恥辱《ちじょく》や、苦痛を忍び、その目的を達するためには、あらゆる無益なる冒険を避けたのであります。我が国民は〈安全第一《セーフティー・ファースト》〉の真意義を、よく徹底的に解悟《かいご》して、毫《ごう》も無法なる冒険をしないよう、切実に警告するのであります。

（終）

安全第一スローガン

このスローガンの三四《さんし》ずつを採《と》り、
机上その他目につく場所へ掲げ、
日々の注意を促されたし、
外出、執務の場合にも特に注意せられたし。

◎余は誰なるか

◆余はあらゆる事業の基礎なり。
◆余はあらゆる繁栄の源泉なり。
◆余は多くの場合に天才を産出す。
◆余は生活に興味を与うること食物における塩の如し。
◆ロックフエラアを始めとしてアメリカにおける各人の好運は、ことごとく余が基礎を置きたるによる。
◆余より最大の幸福を授からんとし、または最大の目的を達せんとするには、まず余を愛することに努力せよ。
◆余を愛せば余はその人の生活を快く意味ある充実せるものとせん。
◆余は青年をしてその富める両親よりも、一層富裕ならしむることを得べし。
◆愚者は余を厭《いと》い、智者は余を愛す。
◆余は窯《かま》より出ずるパン、大陸を横断する列車、大洋を航海する汽船、印刷所より発行される新聞紙に示現《じげん》す。
◆余は挙国《きょこく》一致の母なり。

◆すべての進歩は余の努力より出ず。
◆余に対し悪感情を有する者は決して大なる進歩をなすことを得ず、その人の発達は阻止されるべし。
◆余に対し好感情を有する者は発展す。どこまでも欲する限り進歩すべし。
◆余とは誰か。
◆余は勤勉なり。

◎何故に彼は出世せざりしか

◆彼は時計ばかり見いれり。
◆彼は常に不平を鳴らしいたり。
◆彼は遅刻を常とせり。
◆彼は彼の血液中に鉄を有せざりき。
◆彼は何事をかなさんとする志なきにはあらざれど適任ならざりき。
◆彼は自信力を有せざりき。
◆彼は何事にもうるさき程質問をなせり。
◆彼は不機嫌の様子にて人に接するが故《ゆえ》に人にいやがられたり。

◆彼は何時《いつも》「忘れました」と言いて弁解をなしたり。
◆彼は次の一歩に対する用意をせざりき。
◆彼は彼の仕事に心を付けざりき。
◆彼は彼の過失より何等の教訓を得ることなかりき。
◆彼は彼の仕事を侮《あなど》り己の器量より劣れりと信じたり。
◆彼は彼に如《し》かざる人を友とせり。
◆彼は第二流の人物たることに満足せり。
◆彼は仕事を半途《はんと》に差し置くだけにて彼の脳漿《のうしょう》を消費せり。
◆彼は自身の判断によることなく常に他人の意見を聞きて行動をなせり。
◆彼は如何《いか》にせばよろしからんと研究することを無益なりと思えり。
◆彼は困難なる仕事に出遇《であ》うごとに口実を設けてこれを避けんことを努めたり。
◆彼はだらしなき仕方にて仕事をなすことを習慣とするが故に彼の理想を麻痺せしめたり。
◆彼は粗雑不浄《そざつふじょう》の言語を用いることを得意とせり。
◆彼は世に出て成功せんと思いながら娯楽に耽《ふけ》るの念慮《ねんりょ》も強かりき。
◆彼は彼の取得に属すべき給料の大部分が彼の給料袋の中にあらざりしことに気づかざりき。

安全第一スローガン

◆〈安全第一《セーフティー・ファースト》〉は理論でなく実際の問題である。

◆安全のために努むれば必ず良好の結果がある。

◆近代世界の大勢は無駄を除くことを切実に要求している。しかして最大の無駄は災害である。

◆生命は最も貴重である。しかして容赦なくこれを奪い去るものは災害である。各自安全を図れ。

◆注意深き人には余慶がある。人は注意深いだけそれだけ多くの報酬を受け得るのである。

◆安全の神は物事を放擲《ほうちゃく》する家の窓から飛び去る。

◆〈安全第一《セーフティー・ファースト》〉の旗の下に働く人はみな親友である。

◆〈安全第一《セーフティー・ファースト》〉は金銭の問題にあらず。世界において最も尊重すべき人命を救助する問題なり。人命は一たび逝けば帰ることなし。〈安全第一《セーフティー・ファースト》〉は人の手足を失うことを防遏《ぼうあつ》する方法なり。手足は一たび失えば回復するは能《あた》わず。

◆〈安全第一《セーフティー・ファースト》〉は寡婦《かふ》と孤児とを作らざる方法なり。世の中をして敗残《はいざん》と悲惨とを避けしめんとする方法なり。これらのことは、法律も役人もこれをなすこと能わず。これをなすは独り労働家諸君のみなり。

◆千たび注意をなすは、一たび不具者となるよりも勝れり。

◆不安全なる習慣を去れ。安全なる習慣を養え。

◆〈安全第一《セーフティー・ファースト》〉のために遅れるも、その時間は決して無益にあらず。

◆汝《なんじ》を採用する会社は、時間を費やすも、安全なる方法により仕事をなすことを希望す。時間は会社の経済なるも、会社は安全を得んがために時間の代価《だいか》を払うことをおしまず。

◆災害の起こりたる後には、何人も容易にこれを予防し得べかりし方法を見出し得るものなり。しかれどもその時はすでに遅し。事故の発生に先だってこれを考慮するに如《し》かず。

◆〈安全第一《セーフティー・ファースト》〉は心配を艾除《がいじょ》す〔取り去る〕。注意深き習慣は最良の護衛兵なり。

◆不注意は墓場へ赴く近道なり。

◆〈安全第一《セーフティー・ファースト》〉を閑却《かんきゃく》すれば失敗すること必定なり。

◆災害は給料袋の中より金員を奪い去る。

◆無謀の冒険をなすものは馬鹿者なり。冒険は注意を人の念慮より取り去るものなり。

◆汝は不具者と健全者といずれを選ばんとするか。

◆危険なる人とは、他人に対しいかなることが起こるかを念慮に置かざる人をいう。

◆〈安全第一《セーフティー・ファースト》〉の旗幟の下に働く人はみな親友なり。

◆安全を計るは、一人一個の尽力は微細なりとするもこれを多人数の力に待てば偉大なる効果を挙ぐべし。

◆不注意の人ありと見れば、場合の如何《いか》んにかかわらず、注意深くあるよう訓戒すべし。

◆君は自身の身体生命にも責任を有すると同時に、他人の身体生命にも責任を有す。

◆〈安全第一《セーフティー・ファースト》〉主義の普及は人類をして不注意、健忘、怠慢等より生ずる災害を除却せんとするを目的とするものなり。

◆人は負傷したる後には、いかなる賠償を受くるも失いたる四肢を回復すること能わず。

◆負傷したる場合には、いかに微細なりとも専門家の診察を受くべし。しからざれば、黴菌の侵入によって回復すべかざる損傷を惹起《じゃっき》することあるべし。

◆仕事に従事する間はもちろん、仕事を離れたる時といえども、酒を用うべからず。

◆着手に先立ちて熟考せよ。

◆疑いある場合には安全なる手段を取るべし。

◆速力は安全を先にすべし。

◆悔むよりも安全なれ。
◆如何《いか》に哀しむも如何に悔むも失える四肢は回復の途《みち》なし。
◆不注意は災害を醸《かも》す。
◆安全は最良の処置なり。
◆遅れるも災害を醸すよりは宜《よ》し。
◆危険を冒《おか》すなかれ。危険を冒せば汝または汝の同僚の身体生命を犠牲に供することあるべし。
◆熟考の上ならでは何事も企《くわだ》つなかれ。

◎記憶せよ　怠るなかれ

◆記憶せよ、何事をかなさんとする際にはまず熟慮することを。
◆記憶せよ、危害は何人かの不注意より生ずることを。
◆記憶せよ、不注意の職工は、良工にあらざることを。
◆記憶せよ、危害の生じたるは是非なしとするも、重ねて危害を生ぜざることに努むることを。
◆記憶せよ、爾《なんじ》の仕事の効果を有力ならしめんとするには、爾の精神と身体とを健全にするにあることを。

◆記憶せよ、注意によりて防遏《ぼうあつ》し得べき危害を生ぜしめたるは爾の恥辱なることを。

◆記憶せよ、〈安全第一《セーフティー・ファースト》〉は健全者に対する第一の武器なることを。

◆記憶せよ、危害と疾病《しっぺい》に罹《かか》りたるときは、速かに医師の診察を受けることを。

◆事故の起こる前に一度考うるは、事故の起こりたる後に百億万度考うるに優れり。

◆たとえ遅延を来《きた》すとも事故を起こすよりは優れり。

◆事故は無益、損失及び残忍なり。

◆事故の少なきことは、生産の多大、利益の増加を意味す。

◆無考《むかんがえ》及び無智がすべての工場事故の七割五分を発生す。〈安全第一《セーフティー・ファースト》〉によりて事故及び生産費を減少せよ。

◆〈安全第一《セーフティー・ファースト》〉は自己及び家族にとりて最善の保険なり。

◆注意は廉価なり、後悔は高価なり。

◆不注意という人の友人に災害と名《な》づくる人あり。

◆注意は如何《いか》に濫用するも破損の心配なし。

◆自ら注意せざる人は安全装置の利益を享《う》くる能わず。

◆成功を望まばまず〈安全第一《セーフティー・ファースト》〉に専心なれ。

◆人遠き慮《おもんぱか》りなければ必ず近き憂いあり。

◆涓々《けんけん》たる〔水がちょろちょろ流れるさま〕を塞がずんば、将《はた》に江河《こうが》をなさんとす。熒々《けいけい》たる〔光かがやくさま〕を救わずんば炎々《えんえん》たるを如何にせん。

◆人の一生は重荷を負うて遠き道を行くが如し。急ぐべからず。不自由を常と思えば不足なし。心に望みおこらば、困窮《こんきゅう》したる時を思い出すべし。堪忍《かんにん》は無事長久《ぶじちょうきゅう》の基《もとい》。怒りは敵と思え。勝つことばかり知りて負くることを知らざれば、害その身に至る。己れを責めて人を責めるな。及ばざるは過ぎたるより勝れり。

（徳川家康遺訓）

◎安全第一《セーフティー・ファースト》と能率増進

◆安全は能率増進の基礎なり。

◆今日より注意深くあれ。明日よりにては時機を失する恐れあり。

◆毎朝己《おの》れは注意深きや否《いな》やと自問すべし。

◆毎夕仕事を終えて家に帰らば、その日は災害を除くに注意したるや否やと問うべし。

◆熟慮して行えよ。工場における災害の減少はこれに関係するすべての人々の利益なり。

◆安全の習慣を得ることに努めよ。安全の習慣には益あるも損なし。

◆機械を清潔にすることは、工場における〈安全第一《セーフティー・ファースト》〉の手始めなり。

◆清潔と秩序と整頓とを忘れるなかれ。これ〈安全第一《セーフティー・ファースト》〉の要義なり。

◆事務室においても、銀行においても、製造場においても、機械場においても、鉄道においても、最も注意深き人を要求す。

◆安全は能率増進の基礎なり。安全なればなる程、心配は減じ生産は増す。

◆工場に入り仕事に取りかかる前には、機械の各部を点検し、螺旋《ねじ》などの緩みなきやに注意せよ。

◆工場においては裾を長くし、襤褸《ぼろ》を延《ひ》くなかれ。しからざれば機械に巻き込まれる恐れあり。

◆機械に油を差すには、その運転を止めたる後にせよ。

◆仕事を終りたるときは、各部を調べてこれを整頓せしめたる後工場を去るべし。

◎汝《なんじ》の健康を保全せよ

◆沈着なれ、健康なれ、安全なれ。
◆不注意の習慣によって汝《なんじ》の身体を損するなかれ。
◆安全は疾病、困難、悲惨を救済す。
◆富は生産より、生産は努力より、努力は健康より、健康は安全より生ず。
◆ただ一つ掛け替えのなき命をば大事にするが〈安全第一《セーフティー・ファースト》〉。
◆摂生のまず第一は程を知れ、程を守らば〈安全第一《セーフティー・ファースト》〉。
◆うまくとも腹十二分に過ごすなよ。八九分処が〈安全第一《セーフティー・ファースト》〉。
◆流行の病といえど平生《へいぜい》に、摂生のよき人は悩まさず。
◆若き身の丈夫たのみの不摂生、やがて老後の後悔となる。
◆病みて後医者よ薬と騒ぐより、罹《かか》らぬ前の摂生が第一。
◆禍《わざわい》は根より除け、病は芽より摘め。
◆安全と効果とは善き道連れなり。
◆不注意にして危害を招く者は効果を挙げること能わず。
◆安全ならざれば倹約も効なし。

◆爾《なんじ》の身体は爾の主要なる資本なり。
◆明日の務めの大切なるを思わば、早く寝て昼間の疲労を癒《なお》せ。

◎誓約（鉄道従業員の）

◆余は友人の悪口《あっこう》を言わざるべし。
◆余は無益のことに思索を費やさざるべし。
◆余は鉄道に関するすべての徳義を守り安全は第一なりとの主義は念頭を去らしめざるべし。
◆余は何なりとも人類に有要《ゆうよう》なることを成就するに務むべし。
◆余はすべて余の負う義務を忠実に履行《りこう》すべし。
◆余は常に名誉ある人士として恥ざるよう心掛くべし。

安全週間実施の趣旨並びに計画

近時商工業が勃興し交通機関は頓《とみ》に発達した結果災害事件はますますその多きを加えて参りました。最近警視庁の調査によると東京市における一ヶ年の災害は実に左の如きであります。

大正七年東京市災害調

一	火事	火災度数	三八八回
		焼失戸数	八一八戸
		損害価格	一、一九〇、九八〇円
二	交通事故	件数	四、九二〇件
		死亡	五三名
		負傷	三、五〇一人
三	盗難	窃盗	二五、二一五件
		強盗	九六件
四	伝染病	患者数	六、二六六人
		死亡者	二、〇四一人

五　工場災害　　死傷者　　六、〇四一人

六　不慮の死傷　死者　　三四九人

死なんとせし者　九九四人

負傷者　一、七〇三人

されば全市民が一致協力して災害の防止に努めたならば、必ずや著しく災害事故の減少を見ることと思います。

先般来文部省は災害防止展覧会を開催し、この問題に関して多少世人の注意を喚起しているのを幸い、この機会において来る六月中の一週間を選んで東京市の安全週間とし全市民の協力によってあらゆる災害を未発に防ぎ、東京市を全く安全ならしめたいと思います。

もしこの新しい運動によって一件の火災一人の傷害でも除くことができたならばまことに幸いであります。

いわんやこれによって全市民の災害防止安全思想の普及に資することができたならば、この上もない市民の幸いであります。

以上はすなわち今回の運動を計画するに至った動機の主なるものであります。

安全週間において実施せんとする事項は左の如きであります。

一、大正八年六月十五日（日曜）より同二十一日（土曜）に至る一週間を東京市の安全週間となすこと。

一、東京市の各戸に安全週間心得を配布すること。

一、学校生徒、会社員、職工等はもちろん一般市民は該《がい》週間一定の徽章を着けること。

一、電車、自動車、自転車等には該週間一定の徽章を着けること。

一、電柱、掲示板等には安全週間に関する掲示をなすこと。

一、各工場は安全週間心得書を掲示すること。

一、電車内に安全週間に関する掲示をなすこと。

一、浴場、理髪店、停車場その他公衆の多数出入する場所に安全週間に関する掲示をなすこと。

一、各学校、工場等においては該週間災害防止に関する特別講話をなすこと。

一、各寺院、教会等の助力を求むること。

一、教育会その他の団体においては災害防止に関する公開講演を行なうこと。

一、劇場、活動写真館、寄席等の協力を求むること。

一、市内各新聞通信社の援助を求むること。

一、市内主なる郵便局における安全週間記念スタンプの押捺《おうなつ》をその筋に依頼すること。

一、各商店は安全週間にちなみたる店頭装飾を行なうこと。

一、飛行機によりて災害防止に関する空中宣伝を行なうこと。

附記

一、安全週間の成績は終了後直《ただ》ちに発表すること。

一、安全週間実施に要する諸経費は有志者の寄附金と徽章売り上げの利益金とによりて支弁すること。

一、経費の剰余金は悉《ことごと》く安全博物館設立費に寄附すること。

安全週間（自六月十五日至同二十一日）

この一週間を東京の「安全週間」として全市民の一致協力により災害の全く起こらぬように致したいと存じます。東京市では市民の不注意から最近一ヶ年間に左の如き多くの災害がありました。

一　火事

火災度数	三八八回
焼失戸数	八一八戸
損害価格	一、一九〇、九八〇円

二	交通事故	件数	四、九二〇件
		死亡	五三人
		負傷	三、五〇一人
三	盗難	窃盗	二五、二一五回
		強盗	九六回
四	伝染病	患者数	六、二六六人
		死亡者	二、〇四一人
五	工場災害	死傷者	六、〇四一人
六	不慮の死傷	死者	三四九人
		死なんとせし者	九九四人
		負傷者	一、七〇三人

こんなわけですからこの週間全市民挙《こぞ》って左の事項に注意し、災害を起こさぬように致したいのであります。

火の用心

一、　火の気のある取灰《とりばい》　　二、　跡始末の悪い焚火《たきび》

三、　妄《みだ》りに捨てた吹殻　　四、　竈《かまど》や風呂場の残り火

五、掃除の悪い煙突　　六、弄火《ろうか》〔火あそび〕、蝋燭《ろうそく》、電気、瓦斯《ガス》等

街路の用心

一、右側通行は衝突の因　　二、歩道、車馬道を区別せよ

三、路上の遊戯は怪我《けが》の因　　四、電車の飛び乗り飛び降りはすまじきこと

五、行き違いの電車は最も危険　　六、曲り角は、左小廻り右大廻り

盗難の用心

一、戸締りは厳重　　二、外出に留守番

三、車の置き放しは禁物　　四、掏摸《すり》は人混のなか

五、掻浚《かっさら》いは玄関、店先の品物　　六、大金は持たせてならぬ女子供

安全週間の徽章を皆様是非御着け下さい。
災害防止展覧会が目下御茶の水に開かれています。

安全第一協会設立趣旨

世運の進歩に伴う百般事物の発達は実に驚くべきものあり。したがって社会各方面の活動は日々に激烈と

なり、これに伴う危険はいよいよ増大され、生命財産の安全を図るまた容易ならざるに至る。例えば鉄道、工場、鉱山等に続発する惨劇、交通頻繁より生ずる危害、家屋激増より来る変災、人口稠密《ちゅうみつ》の導く悪疫の如き、そのことますます繁くしてその禍いいよいよ大なるは日々の新聞紙上に報道さられるが如し。これ世の文明に避くべからざる現象なりといえども、国家の被る損害はすこぶる大なりとす。今にしてこれが救済の方法を講ずるに非ざれば、高潮せる世運の進歩は、惨害は惨害を生み、変禍は変禍を重る大危険を増すに至らんのみ。ここにおいて乎吾人《ごじん》はこれら大危険を未発に防遏《ぼうあつ》するの良法として、〈安全第一《セーフティー・ファースト》〉主義を社会に鼓吹《こすい》し、鉄道、船舶、鉱山、工場等はもとより、道路、住宅にこれを普及させて、衛生に火災に死傷に、不幸なる災厄を防御せんとするものなり。

〈安全第一《セーフティー・ファースト》〉主義の合衆国西部に唱道せられるや米国の天地は踴躍《ゆうやく》〔よろこびで飛びあがる〕して歓迎したり。恰《あたか》も渇者の水に憧れるが如く、たちまち合衆国全土を風靡《ふうび》して津々浦々に至る迄《まで》この主義の実行を見ざるなく、その効果は統計に明示せられて、年々幾十万の人命と財産とを救済するに至れり。

翻《ひるがえ》って我が国現在における諸般の設備を見るには物質的方面においては稍々《やや》進歩の徴すべきものあるも、国家社会に必須なる災害予防に関する事業の幼稚なる点については遺憾《いかん》ながら忸怩《じくじ》これを久しうすることを禁ずる能《あた》わず。今次世界の戦乱は我が事業界を覚醒せしめ工芸をしてますます隆盛ならしめたり。この急激にして変則なる発達は、不完全なる機械を使用し、未熟練なる職工を使役するの已《やむ》を得ざらしめ、陸続《りくぞく》として戦慄《せんりつ》すべき惨事を惹起《じゃっき》し、幾多の人命と巨額の財産とを喪失しつつあり。しかるに未だこれが救済方法に関し何等の施設なきが如きは、実に慨惜痛嘆《がいせきつうたん》の至りと謂わざるべからず。過渡期における常習とはいいながら最早等閑《なおざり》に附すべきにあらざるなり。ここにおいて乎吾人はますます〈安全第一《セーフティー・ファースト》〉主義普及の急務を感じ、それが機関として安全第一協会を設立し、もって社会の惨禍《さんか》を軽少せんことを図らんと欲す。

〈安全第一《セーフティー・ファースト》〉は平和の父なり。〈安全第一《セーフティー・ファースト》〉は幸福の母なり。本協会はあるいは公処の友人となり、あるいは従業者の伴侶となり、あるいは事業家の顧問となる。もしそれ本協会の趣旨に賛同し、相協力して、社会の平和と幸福とを増進せんとする同感の諸彦《しょげん》は、振って本協会に加盟あらんことを切望す。敢《あえ》て満天下に愬《うった》うる所以《ゆえん》なり。

安全第一協会会則

第一条　本会ハ安全第一主義ノ普及ヲ図リ社会ノ幸福ヲ増進スルコトヲ以テ目的トス

第二条　本会ハ安全第一協会ト称シ本部ヲ東京ニ支部ヲ内外須要ノ地ニ置ク

第三条　本会ノ会員ハ名誉会員、特別会員、正会員、賛助会員ノ四種トス

名誉会員ハ評議員会ノ決議ヲ以テ会頭之ヲ推薦ス

特別会員ハ安全第一主義ヲ実行シ特ニ本会ノ事業ヲ幇助スル者トス

正会員ハ安全第一主義ヲ実行スル者トス

賛助会員ハ安全第一主義ノ実行ヲ賛助スル者トス

本会ニ少年会員ヲ置ク

第四条　本会ノ会費ハ左ノ如シ

特別会員ハ一ヶ年拾弐円以上ヲ負担ス

但毎月分納スルコトヲ得

正会員ハ一ヶ年弐円四拾銭ヲ負担ス

但毎月分納スルコトヲ得

賛助会員ハ一時金五拾円以上ヲ寄付スル者及特別会費一ヶ月五円以上ヲ納ムル者トス

第五条　本会ニ左ノ役員ヲ置ク

一、会　頭　一名

一、評議員　若干名

一、理　事　若干名

一、会計監督　一名

一、書　記　若干名

第六条　会頭ハ総会ニ於テ推薦シ評議員、理事、会計監督ハ会頭ノ指名ニ由リ総会ノ認諾ヲ経テ就任シ書記ハ会頭之ヲ任命ス

役員ノ任期ハ三ヶ年トス

但任期満了後再選スルコトヲ得

第七条　役員ノ任務左ノ如シ

会頭ハ本会ヲ統理ス

評議員ハ重要ナル会務ヲ評決ス

理事ハ会頭ヲ補佐シ会務ヲ処理ス

会計監督ハ会計ヲ監督ス

書記ハ会頭、理事ノ指示ヲ受ケ会務ヲ分掌ス

第八条　本会ノ事業ヲ遂行スル為メ必要ト認ムルトキハ、講師、技師、技手若干名ヲ置クコトヲ得、講師、
　技師、技手ハ会頭之ヲ嘱托又ハ任命ス

第九条　本会ハ目的ヲ達スル為メ左ノ事業ヲ行フ

一、安全第一ニ関スル雑誌ヲ刊行スルコト

二、安全第一ニ関スル図書ヲ出版スルコト

三、安全第一ニ関スル講演会ヲ催スコト

四、安全第一ニ関スル活動写真会、幻灯会、音楽会ヲ催スコト

五、災害ニ関スル統計ヲ調製スルコト

六、災害予防ノ装置ニ関スル研究ヲ為スコト

七、安全第一ニ関スル博物館ヲ設クルコト

第十条　本会ノ総会ハ毎年春秋二回之ヲ開ク

　会議ニ於テ必要ト認ムル時ハ臨時総会ヲ開クコトヲ得

第十一条　本会員ニシテ不都合ノ行為アリタルトキハ退会ヲ命スルコトアルヘシ

第十二条　満一ヶ年間会費ヲ納付セサル正会員ハ其資格ヲ失フ

第十三条　本会々則ハ会頭ノ発議ニ依リ又ハ会員五分ノ一以上ノ発議ニ依リ総会ニ附議シ出席会員ノ三分
　ノ二以上ノ賛成ヲ得ルニ非サレハ之ヲ改正スルコトヲ得ス

第十四条　支部及少年会員ニ関スル会則、会計ニ関スル規則其他本会則ヲ施行スル細則ハ会頭之ヲ定ム

安全第一協会

安全第一協会支部通則

一、本会支部ノ設置ハ会頭之ヲ指定ス

二、支部ノ会則並ニ細則ハ各支部ニ於テ之ヲ定メ会頭ノ承諾ヲ受クヘシ

三、支部長ハ支部ニ於テ推薦シ会頭之ヲ嘱托シ其他ノ役員ハ支部会則ニ依リ之ヲ選定シ会頭ノ承諾ヲ受クヘシ

四、支部ハ毎月一回以上本部ニ対シ通信報告ヲ為スモノトス

五、支部ニ於テモ災害ニ関スル統計ヲ調整スルモノトス

参考文献

1 内田嘉吉 関連

著書

『海商法』（湯川元臣と共著）東京法学院、一九〇三年

『国民海外発展策』拓殖新報社、一九一四年

『通信事務と安全第一』通信協会、一九一七年

『安全第一生活法』（北林惣吉編）文豊社、一九一九年

『安全第一』丁未出版社、一九一七年初版、一九一九年十一版

『国民保健論』（アーウイング・フイッシアー）台湾日日新報社、一九一四年

訳書

『南洋』（A・R・ウォーレス）南洋協会、一九三一年（改訂版『馬来諸島』、南洋協会、一九四二年）

内田嘉吉文庫（千代田区立日比谷図書文化館所蔵）

故内田嘉吉氏記念事業実行委員編刊『内田嘉吉文庫稀覯書集覧』（一九三七年）

『『内田嘉吉文庫』図書目録』（全5巻）龍溪書舎、一九九八年（前記集覧を含む復刻版）

同文庫収蔵資料については、現在千代田区立日比谷図書文化館から検索システムが提供されている。　http://www.library.chiyoda.tokyo.jp/wo/ucb/

2 関連文献

2・1 全般

内田誠『父』双雅房、一九三五年

秦郁彦編『日本近現代人物履歴事典』東京大学出版会、二〇〇二年
千代田区図書館サポータースクラブ・上野充子 編集『サポータースクラブとジャングル探検隊―千代田図書館蔵 内田嘉吉文庫を探る』二〇〇九年

2・2 安全第一、安全第一協会

鎌形剛三編著『エピソード安全衛生運動史』中央災害防止協会、中災防文庫、二〇〇一年
堀口良一「安全第一協会について」(近畿大学法学55)二〇〇七年
花安繁朗「近代産業安全運動の先駆者たちが遺した未来への提言」(横浜国立大学安心・安全の研究センター平成一九年度年報、後に労働安全衛生総合研究所「安衛研ニュース」No.21転載)
安全第一協会『安全第一』(一九一七〜一九一九年刊)。復刻版(全4巻・別冊、不二出版、二〇〇七年)
中央労働災害防止協会編『安全衛生運動史―安全専一から一〇〇年』二〇一一年
堀口良一『安全第一の誕生―安全運動の社会史』不二出版、二〇一一年
金子毅『「安全第一」の社会史―比較文化論的アプローチ』社会評論社、二〇一一年

【内田嘉吉　年譜】

年号（西暦）	年齢	経　歴	国内事情	海外事情
慶応２年（1866）		10月12日　江戸神田に生まれる		
明治17年（1884）	19	東京外国語学校独逸語科卒業		
明治24年（1891）	26	帝国大学卒業、逓信省入省		
明治26年（1893）	28		経営者が労働者保護をとり始めた	
明治27年（1894）	29		日清戦争始まる	日英通商航海条約調印
明治28年（1895）	30		日清戦争終結	三国干渉
明治30年（1897）	32		足尾鉱毒事件	
明治31年（1898）	33	欧米視察（１年間）		
明治32年（1899）	34	香港、清国、韓国、露国視察（３カ月）	豊国炭鉱（大分）炭塵爆発で210人死亡	
明治33年（1900）	35	逓信省大臣秘書官 マカオ、豪州、南清航路視察、帰路台湾にて後藤新平（台湾総督府民生長官）の知遇を得る	治安警察法制定	
明治34年（1901）	36	逓信省人事課長	金融恐慌起こる、官営八幡製鉄所操業開始	
明治35年（1902）	37	日本海沿岸航路標識視察		日英同盟調印
明治36年（1903）	38	『海商法』（共著）		
明治37年（1904）	39		日露戦争始まる	
明治38年（1905）	40	清国、韓国視察（１カ月）	日露戦争終結	

年号（西暦）	年齢	経　歴	国内事情	海外事情
明治39年（1906）	41		満鉄創立	
明治40年（1907）	42	清国、韓国、露領アジア視察（4カ月）	東京市場暴落、労働争議激増、豊国炭鉱（大分）炭塵爆発で365人死亡、高島炭鉱（長崎）炭塵爆発で307人死亡	
明治41年（1908）	43	管船局長（逓信大臣・後藤新平） 欧米各国視察（7か月）		
明治43年（1910）	45	内閣拓殖局第一部長（拓殖局総裁・桂首相、副総裁・後藤新平） 台湾総督府民生長官	韓国併合	
明治44年（1911）	46		工場法公布	
大正元年（1912）	47		足尾鉱山で「安全専一」運動、夕張炭鉱でガス爆発続き492人死亡	
大正3年（1914）	49		北海道、福岡等の炭鉱でガス爆発、東京で発疹チフス流行し年末までに1,176人死亡、東京でペスト流行し年末までに41人死亡	第1次世界大戦（日本はドイツに宣戦布告）
大正4年（1915）	50	台湾総督府民生長官を依願退職し、都市研究会設立し、副会長に就任（会長・後藤新平、後の東京市長就任に影響を与えた団体）、南北米視察 （12月から7カ月）	八幡製鉄所等高炉火入れ相次ぐ、戦争景気に沸く	対華21か条要求（大連、旅順の租借期限延長等）

年号（西暦）	年齢	経　歴	国内事情	海外事情
大正５年（1916）	51	逓信次官（逓信大臣・後藤新平）、海事協会創立し常務委員となる ８月４日　東京朝日新聞にアメリカ視察で見た安全第一主義が記事掲載	貿易収支大幅黒字 ９月　工場法施工	
大正６年（1917）	52	２月　安全第一協会の発会式を行い設立準備にとりかかる ４月　安全第一協会創立し、会頭に就任、機関誌「安全第一」を刊行 ９月　著書『安全第一』出版	２月　伊藤止信郎『鉄道と安全第一』（内田による資料提供及び校閲） 貿易収支未曾有の黒字 満鉄経営の撫順炭鉱で917人死亡事故	ロシア革命
大正７年（1918）	53	逓信次官辞任し貴族院議員に勅撰	米騒動、スペイン風邪大流行し翌年まで で死者15万人に及ぶ	
大正８年（1919）	54	欧米視察（１年７カ月）、東京高等学校校長となる、『安全第一生活法』出版、安全第一協会等同種の会が合同し日本安全協会が発足し会長に就任	内田等の活動により我が国初めての安全週間開催 日本最初のメーデー開催	第１次世界大戦パリ講和会議
大正９年（1920）	55		戦後恐慌起こる	
大正10年（1921）	56	日本産業協会設立し会長に就任	原敬首相東京駅で刺殺される	
大正11年（1922）	57	欧州視察（３カ月）、東京連合少年団副団長（団長・後藤新平）に就任	ペスト流行し死者67人（最後の流行）	
大正12年（1923）	58	台湾総督、少年団（ボーイスカウト）日本連盟結成し顧問となる	関東大震災（死者９万人）	
大正13年（1924）	59	台湾総督辞任	貿易赤字激増	

年号（西暦）	年齢	経　歴	国内事情	海外事情
大正14年（1925）	60	日本無線電話株式会社を設立し社長となる、沖電気顧問就任	治安維持法、「女工哀史」発刊	
昭和２年（1927）	62	欧米視察（６カ月）	金融恐慌始まる	第１次山東出兵
昭和３年（1928）	63	日本能率連合会会長、明治製糖監査役となる	特高警察誕生、全国統一の安全週間実施	関東軍張作霖を爆殺
昭和４年（1929）	64	台湾倶楽部会長（後藤新平死去に伴い）	金輸出解禁、産業合理化政策本格化	ニューヨーク株式市場大暴落
昭和５年（1930）	65	南洋（豪州、フィリピン等）事情視察（５カ月）	世界恐慌が波及し昭和恐慌	ロンドン海軍軍縮条約に調印
昭和６年（1931）	66	『南洋』（校閲）		満州事変勃発
昭和７年（1932）	67	欧州会議及び視察（6カ月）		満州国建国宣言、5.15事件
昭和８年（1933）	68	1月3日　病死		

《参考資料》

年表参考にあたっては下記の文献等を参考としたが、内田に関する事績のうち、労働安全に関わるものを中心にまとめた。その他の事績については、参考文献を含めて適宜ご参照いただきたい。

①臼井良雄「内田嘉吉ってどんな人だったんだろう？」サポーターズクラブとジャングル探検隊p47～49、千代田図書館サポーターズクラブ刊（2009年９月）

②安全衛生運動史－安全専一から100年、中央労働災害防止協会（2011）

③写真と年表で辿る産業安全運動100年の軌跡（中央労働災害防止協会）
http://www.jisha.or.jp/anzen100th/nenpyou01.html

④堀口良一「安全第一協会について」（近畿大学法学55、2007年）

2、保安心得書「安全専一」を読む

「安全専一」

（古河合名會社　足尾礦業所　足尾銅山　鑛夫之友　第二十一號附録

大正４年１月10日印刷　大正４年１月15日発行）

現代語訳

はしがき

君のため世のためなにか惜しからん
すててかいある命なりせば

と申す古歌のとおり、本当の戦争にいでては、弾丸の雨を冒し、剣の林に入って、傷を負い、命を落すこと、もとより日本国民である者の義務でありまして、むしろ身の面目、家の誉れとして慶ぶべきことでありますが、平和の戦争とも申すべき、各自の仕事を営んでおります間に、負傷《けが》をしたり、不具になったり、はなはだしきは命までも失ったりすることは俗にいう犬死でありまして、これほど、世にも無益な、なげかわしいことはないのであります。

しからばこの負傷過失《あやまち》を防ぐにはどうしたらよいかと申しますに、各自の注意ということが第一であるのは申すまでもありませんが、なおここに一つの例えを引いて申し上げますならば、昔の武士は家の敷居を跨いで外へ出ると七人の敵があると申しましたが、この七人の敵ということにならって、今負傷の敵となるべきもの七つを挙げますならば、昔から怖いものの例えに申す「地震」「雷」「火事」「親父」の四つに、「風」「水」「自分」の三つを加えたものであります。

まず「地震」に例えて申しますと、物を振るい落したり、壊したりするもの、すなわち坑内の落盤とか、土砂の崩落などから起こる負傷であります。

次に「雷」というのは電気から起こる負傷、また「火事」は製煉その他、火を取り扱う所で起こる負傷であります。

それから「親父」は実際の親に限らず、自分の目上の人また監督者の戒めをよく守らないために起こる負傷であります。

「風」は圧気機、削岩機などの取り扱い不注意からも起こり、また坑内の通風の加減からも起こる負傷であります。

その次の「水」は種々なる水害から起こる負傷であります。

最後に「自分」というのは俗にいう身から出た錆で、自分の不注意や不心得から起こる負傷でありまして、これが一番恐ろしく、また多いのであります。

「地震」「雷」「火事」「親父」「風」「水」の六つは自分がいくら注意していても、外の事情のために自然に起こるというような場合がないともいえませんが、「自分」から起こる負傷は誰の罪でもない、自分の過失でありますからこれは最も慎まなければなりません。

しからば自分だけが安全でさえあれば、人はどうでも構わないかというと、決してそうではありません。自分の不注意から過失が起こって、自分は無事だが、他の人に大変な負傷をさせるというような場合は随分あるのであります。

ことに山林や坑内などにおきましては一本の燐寸《まっち》、一服の烟草《たばこ》から多数の生命財産を失うような大変災が起こらないとも限らないのでありますから、自分のことを大切に守ると共に、他人のことも大切に考えて、相互によく気を付けるという心掛けが肝要であります。

そこで今度「鉱夫の友」の付録といたしまして、この「安全専一《あんぜんせんいち》」と題する本を当山の労働者諸君に配付することといたしました。

「安全専一」とは読んで字のごとく、諸君が日々の仕事をする間に、前に申すような自分の身を守り、併せて他人の身を守り、何人にも負傷過失のないようにする心得、すなわち安全ということを始終心掛けて、それを各自の習慣性《ならわし》としたいという意味でありまして、諸君がこの本に書いてある事柄の中、自分の仕事に関係ある部分を繰り返しよく読んで、怠らずそれを実行するならば、おそらく将来諸君の身に負傷過失は無くなってしまうだろうと信ずるものであります。

なお、思い違いのないように念のため申し上げておきますが、「安全専一」ということは、各自の体さえ大切にすれば、仕事の方はどうでもよい、仕事よりも体が大事だという意味では決してありません。すべての現場の仕事には全く危険が無いというものは滅多にありません。

時としては進んでその危険を冒すということが、自分の職務上必要な場合もあるのであります。

こんな場合に、「まず安全が専一だから」といって尻込みをしてしまっては自分の職務は務まらないことになってしまいます。

ここに「安全専一」と申すのは仕事を本位とした「安全専一」でありまして、安全を本位として仕事をするという意味ではありません。

そこで私は特に諸君に向かって

危険に負けるな、危険に勝て

という一言を進しておきます。「危険に負けるな」とは危険という敵に出会った時、怖れて逃げてはいけないということ、「危険に勝て」とは進んで危険という敵を撃ち破り、取り砕いて、勝利を占めるという意味であります。

平和の戦争たる各自の仕事の上に起こる危険は「注意」という弾丸をもって、これを撃ち破ることの出来ないような強敵では決してありません。

否、必ず撃ち破ることが出来るのであります。決して怖れて逃げる必要はないのであります。しからばこの「注意」という弾丸はどこにあるのか。諸君の頭の中にある。「注意」という弾丸を造る材料はどこにあるのか。この「安全専一」と題する本の中にあるということをよく心掛けて、その日その日の務めとするよう、希望する次第であります。

大正四年一月

足尾鉱業所長

小田川全之

注　意

「安全専一《あんぜんせんいち》」に心得るべき箇条は大体仕事別に順序を立てて編纂いたしましたが、その内には重複を避けるために、一方には掲げてあるが一方には略してあるような事柄も大分あります。

例えば火薬類取り扱いの心得は採鉱の部に入れてありますが、これは採鉱ばかりでなく、土木にも必要なこともあります。また機械運転の心得は機械の部に入れてありますけれども、選鉱、製煉その他機械を用いている工場ではすべて心得ておかなければならない事柄であります。

そんな訳でありますから編纂の区別には重きをおかないで、いやしくも自分の仕事の関係のある事柄についての心得は、どれもよく読んで実行して貰わなければなりません。「安全専一」の心得には自分の領分というようなものはありません。容れ物は別でも中味は共有と御承知を願います。

編　者

安全専一　目次

安全専一

総体の心得

一　酒を飲んで仕事場に出ではならない
一　仕事服は洋服、法被《はっぴ》、その他、体にピッタリと密着する物を着なければならない
一　仕事中に脇見、居眠り、雑談などをしてはならない
一　すべての機械は故障のないことを確めた上で使いなさい
一　大勢同じ場所に集まって仕事をする時には相互に気を付けて混雑を避けなければならない
一　どんな場所にいても火の用心ということを忘れてはならない、殊に木屑の散らばっている所、落葉、枯草などのある所で、焚火をしたり、烟草《たばこ》を喫《の》んだりしてはならない
一　自分の取り扱うべきでない機械や器具にみだりに触ってはならない

一　変事があった時、または危険を認めた時には、すぐに係員に知らせなさい

一　休日の翌日にはとかく疎漏《そろう》がちて負傷《けが》が多いから、ウッカリして過失《あやまち》をしないようよく気を付けなければならない

以上の心得をつづめていえば、つまり「常に気を確かに持って、よく万事に心を配る」ということであるから、この一言を忘れてはならない

第一　採鉱

採鉱の仕事は主に坑内の仕事である。坑内は一番負傷《けが》の多い所である。だから坑内に働く人は一番よく注意しなければならない

火薬類取り扱いの心得

一　火薬渡し場の前では必ずカンテラの火を消さなければならない

一　火薬渡し場の前でカーバイトの詰め替えをしたり、マッチを摺ったり、烟草《たばこ》を吸ったりしてはなら

第一　採鉱

ない

一　使い残りの火薬は必ず毎日火薬函と一緒に火薬渡し場に戻さなければならない

一　火薬を坑外へ持って出たり、叺《かます》の中に入れておいたり、ずり［鉱石以外の採掘された岩石］の下に隠しておいたりするのは大禁物である

一　火薬函は水に濡らさないようにしなければならない

一　火薬函は掛け紐の切れたり、とれたりすることのないように気を付けること

一　雷管《らいかん》は紙包みにして火薬函に入れること

一　火薬函を持ってケージを昇降する時には必ずカンテラの火を消すこと

一　火薬函を持って坑井《こうい》を昇降する時には函を襷《たすき》がけに背負いなさい

一　火薬函はなるべく切端《きりは》［採掘現場］に近い、安全な、そして水気のない所に置きなさい

一　発破《はっぱ》をかける前には、まず第一に火薬函を安全な所へ持ち出し、それから道具の始末をすること

一　火薬はこれから使おうとする時のほか火薬函から出してはならない

一　火薬をレールや電気機械の傍に置くことは危険である

一　火薬函を捨てたり壊したり失くしたり、また切端から外の所へ持って行ったりしてはならない

一　退業のとき火薬函を納めることを他の者に頼んではならない

一　爆薬《ダイ》を噛んだり口に入たりしてはならない

一　爆薬の凍ったのをカンテラの火や電灯、または熱した機械などで温めてはならない

一　凍った爆薬を落としたり切ったりすることは、はなはだ危険であるから使わないでそのまま係員へ返すこと

一　黒色火薬と爆薬とを混ぜて用いることは係員の指図を受けたときの外は禁物である

一　雷管は桜印《さくらじるし》の爆薬には六号を用い、椿印《つばきじるし》の爆薬には三号を用い、取り違えないようにすること

一　雷管は時々その数を数えてみて、もし一つでも失くした時にはすぐ係員に届け出ること

一　雷管を落としたり、中をほじくったり、踏んだり、置き忘れたりしてはならない

一　導火《みちび》は折り目があったり湿ったりしているものを用いてはならない

一　発破をかけるとき導火が短かすぎると大変危険であるから、よい加減の長さにしておかなければならない

一　導火を切るにはよく切れる刃物でまっすぐに切らなければならない、道具で叩き切るのは禁物である

一　導火に火を付けるときは、その尖端《さき》を揉んで付けること

一　電気発破の導電線は折れたり急に曲がったりしないようにすること

一　電気発破の導電線を結び付けるには、その接ぎ合せる所をきれいに、両方ともよく捻じ合わせ、継目はテープで巻くことを忘れてはならない

第一　採鉱

一　大切な機械、その他設備をしてある場所の間近で発破をかけるときには、まず発破除けの設けをしてからでなければならない、もしそれが水路、竪坑《たてこう》、坑井などの傍であればずりの飛び込まないようにし、レールの傍であれば、飛び散ったずりはすぐ払い除けなければならない

一　導火を雷管の中へ締め付けるにはなるべくペンチを使うのがよろしい、また導火の切口を新しくして雷管の底との間の隙を一分位にしなければいけない

一　水のある場合は導火と雷管の付け根はびんつけのようなもので固めること

一　導火を爆薬に嵌めるには、まず爆薬の片端の包紙を開き、木の細い棒で穴を空けこれに導火を嵌めて包紙を導火の周囲に寄せ、糸で縛ること

一　爆薬を二つ以上一か所に使うときには両方の包紙の小口を破って継ぎ合わせること

一　爆薬に尻管《しりかん》や中管《ちゅうかん》を使うのは何の役にも立たないものであるし、また危ないから使ってはならない

一　発破の穴に爆薬を詰める時には、予め穴の深さを測っておき、そろそろ押し込んでから、また込棒《こめぼう》でその深さを測り、爆薬がよく穴の底まで届いたかどうかを確かめるようにしなさい

一　アンコを詰めるには木、または真鍮《しんちゅう》の込棒で静かに押し込め、決して強く突き入れてはならない

一　発破をかけたために磐《いわ》が熱くなった時には、それが冷えてからでなければ次の発破を込めてはならない

一　発破をかけようとする時には、まずそのことを近くにいる者、すべてに知らせなくてはならない、

もしその近くに人の通る路があるならば、予め合図をして発破のすむまで人の近寄らないように注意しておくことが最も大切である

一　いよいよ発破に火を付けようとする前には、自分たちの逃道にある邪魔な物を取り除け、足場の吟味をしておかなければならない、そして火を付けたらば急いで安全な場所に退かなければならない

一　発破がすんだ時にはすぐに、また近くの人に合図で知らせ、ずりや切端の浮石を取り除け、自分にも人にも危険のないように始末しなければならない

一　一時に五個以上の発破に火を付けるのは危険であるから、五個以上の場合は二度に分けて火を付けること

一　発破は火を付けた数だけの音を聞いてからでなければ、すんだという合図をしてはならない、もし不発の物があったときは少なくとも十五分間経った後でなければ決して切端へ近寄ってはならない

一　発破が不発であった時は、その穴を掘り返さないで、一尺以上離れた別の所に新に穴を空けるようにしなさい、この穴の空ける所は前の穴と違った向きでなければならない、また磐に切れ目などがあると前の穴の中の不発の発破が不意に爆発するようなことがあるからよく気を付けなくてはいけない

一　不発の原因が途中で導火の消えたためである時には、その導火に再び火を付けるのは、はなはだ危険であるから、そんな時には係員の指図を待ちなさい

一　電気発破に火を付けることは必ず係員にやってもらうので、自分勝手にやってはならない
一　電気発破をかけた後では係員の指図があるまで切端に近寄ってはならない
一　中抜《なかぬき》発破と上下左右の払《はらい》発破とを同時に行うことは危険であるから、これは別々に行わなければならない
一　坑内で火薬を運搬する者は必ず赤い角灯を持って歩かなくてはならない
一　火薬類を運搬する器は安全装置を施してあるものを使わなければならない

坑内にいる時の心得

一　下駄を穿いて、入坑してはならない
一　坑内夫はすべて帽子をかぶり、鑑札を携え、カンテラと湿らぬ容器に入れたカーバイトと、マッチ入れに入れたマッチを持つことを忘れてはならない
一　無断で見張所や機械場や火薬渡し場や、物置、水溜、喫飯場《めしくいば》などに入ってはならない
一　丹礬水《たんばんすい》で、眼を傷めることのないように注意しなければならない
一　大廊下を歩くときは身体はもとより、自分の持っている道具でも電線に触れないよう気を付けなければならない
一　暗い所から明るい所へ、また明るい所から暗い所へ行く時は、あまり急いではならない

一　坑井を登ろうとする時、または坑井や棚の下などを通ろうとする時には、まず大声で「落すなあ」と呼び、「おーい」という返事を聞いてから行くこと、また通ってしまったら、「よーし」と合図をすること

一　坑井を通るとき、または大勢込み合っている場所では、第一に火薬函に気を付け、次に持っている道具を落とさないように気を付けること、もし斧や鋸を持っている時は、刃をあらわさないようにすること

一　坑井の梯子にずりのかかっている時、またはバッタリ板張など壊れている時、梯子のぐらついている時などは、その坑井を通ってはならない

一　坑井のバッタリは通った後で必ず元のように閉めておくこと

一　坑道を通る時は、レールの引き違いや坑道の分かれ目に気を付けること

一　前方からでも後方からでも電車が来た時には、電車の通ってしまうまで立ち停って安全な所へ体を寄せていること

一　勾配の強い坑道を通る時には、手押し鉱車の走る響を聞き分け、鉱車の近づかない間に通ること

一　便所でない所に大便をしてはならない

一　危険の場所、危険の事柄を発見した者は、すぐに係員に知らせなさい

一　ボロ、木屑、糸屑、藁、むしろなどを燃やしてはならない

一　仕事に用のない物を持って入ってはならない
一　いたずらに物やずりを放ったり、投げ込んだりしてはならない
一　冠《かんむり》の低い坑道で磐に頭をぶつけたり、電線に触ったりしないように気を付けること
一　機械や電線、電灯、鉄管のバルブなどには一切、手を触れないこと
一　梯子を昇降するには梯子の親枠を握らないで、両手を子にかけながら、段々に昇降すること
一　複線の廊下を通る時には、荷道と空道とをわきまえ、また赤色の電灯のある所は、危険注意のしるしであることを知っていなければならない

支柱についての心得

一　支柱が曲がったり傾いたり、また支柱の間や坑道の冠からずりが採めて落ちたりするのを見た時には、すぐに係員に知らせなさい
一　大廊下に支柱仮棚を設ける時には、少なくとも五尺以上の高さにしなくてはいけない
一　前項の仮棚に梯子を用いる場合には、レールから相当に離して電車の通る妨げとならないようにしておかなければならない
一　すべての支柱普請は仕かけた仕事を仕遂げないで退業してはならない、もし途中で退業しなければならない時には、後が危くないようにしておかなければならない

一　釘の刺さった板、梯子、古木などを坑道に投げ放しにしておいてはならない

切端についての心得

一　切端の仕事についた時は、まず槌で磐、引立《ひったて》、冠などを叩いてみて、その響で石目、利石《ききいし》、浮石などを判断して、これを払った後、仕事に入る段取をしなさい

一　大利石、大浮石は叩きどころによって、いっこうそれらしくない響を発することがあるから、早合点しないようによく気を付けなければならない

一　切端に不時の射水《さしみず》のあった時には、危険の前兆であるから、すぐに係員に知らせなさい

一　切端が古い穴に貫け通った時は、その穴の中に入らないようにしなさい

電車についての心得

一　電車を運転する者は、次の場合には必ず鈴《ベル》を鳴らし、かつ速力を緩やかにしなさい

（イ）　電車と電車がすれ違うとき

（ロ）　坑道の分かれ口に来たとき

（ハ）　坑道の曲ったところに来たとき

（ニ）　棚の下を通るとき

(ホ)　火薬運搬人の見えたとき

(ヘ)　前に邪魔物のあるとき

(ト)　前方を見透し難いとき

一　機関車の灯が消えた時には、すぐに進行を停めて、灯のついた後、再び進行を始めなさい

一　進行中の電車に対して、その進行を停めさせようとする場合、または何かの危険を知らせようとする場合には、カンテラを左右に振って合図をしなさい

一　電車運転の職でない者は、決して機関車に乗ってはならない

一　電車は必ず定められた線路を通ること

一　必要やむを得ない場合の外は、トロリーホイールを反対《あべこべ》に向けて電車を走らせてはならない

一　電車がレールの曲がった所、または分れ目の所を通る時は、いっそうトロリーホイールに気を付けること

一　レールの上にずりその他、邪魔物が載っている時には、すぐに電車の進行を停め、邪魔物を取り除けた上で、更に進行すること

一　故障があったり壊れたりしている鉱車を繋いで走ってはならない

一　電車の走っている時に、鉱車の上に飛び乗ったり飛び降りたり、また鉱車の間に入ったりしてはならない

竪坑についての心得

一　竪坑監視人交代の時は必ず信号装置、竪坑及びケージの安全装置を十分検査しなくてはならない

一　巻上げ、巻下げに関する信号は竪坑監視人、自ら信号して、決して荷取夫などに任せてはならない

一　竪坑監視人は音信管や電話で手早く打ち合わせをすること

一　竪坑監視人は時々自身ケージに乗ってみて、昇降の具合を検べ、また竪坑内の枠組、摺木《すれぎ》、キープス、信号装置などに故障の無いように検べなければならない

一　竪坑監視人以外の者は竪坑の信号装置、キープス、ケージの安全装置に手を触れてはならない、またケージの間を通り抜けたり、竪坑の中を覗き込んだりしてはならない

一　ケージには決して急いで飛び乗ったり、飛び降りたりしてはならない

一　竪坑監視人は竪坑のバッタリの開閉やキープスの取り扱いに念を入れて、ケージに乗り降りする者に危険のないように心掛けなければならない

一　竪坑監視人はケージに鉱車や荷物を載せるとき、その具合を一々検査し、ケージの運転中に積荷が転げ出るようなことのないように気を付けなければならない

一　竪坑監視人は、鉱車をケージに乗せる時、ずりの落ちないようにし、かつ運転を止めている間は、ケージやブラットを掃除しなさい

一　ケージには決して定員以上の人を載せてはならない

一　巻上げ、巻下げの信号をした後は、決して人をケージに乗り込ませてはならない

一　巻揚げ綱は、時を定め厳重に検査をしなければならない

手子《てご》［採鉱・運搬・製煉の手伝いをする人］運転の心得

一　手押運搬をする者は、鉱車の前に灯火を付けて進行の合図とし、バッタリの栓を厳重に下しておかなければならない

一　鉱車には、鉑《はく》［鉱石］やずりを山盛りにしてはならない

一　竪坑のプラットに鉱車を停めようとする時には、前の鉱車に衝突《つきあた》らないよう、静かに押して行かなければならない

一　台車や鉱車を手放しで走らせたり、みだりに乗り込んだりしてはならない

一　坑井に鉑下《はくさげ》の時、上にいるものは、必ずブレーキを使わなくてはならない

一　鉑下中、下のものは坑井の真下にいたり、坑井の中を覗き込んだりしてはならない

一　切端のずり足場のずりを取り過ぎるのは、危いから気を付けなさい

一　鉱車から坑井へずりを空ける時には、必要に応じて鉱車が返らないように、突っ張りをしておかなくてはならない

一　坑井にずりを空ける時には、坑井の中を人が通っていないことを確かめた上でしなくてはならない
一　鉑下ロープを坑井に垂掛けたまま、退業してはならない
一　鉱車や台車を途中で置き放しにして交代したり退業したりしてはならない

第二　製　煉

製煉では主に極く熱の高い物や、重い鉱石や、煙気を発する物などを取り扱うので、いろいろの危険が伴い易いから、十分よく注意しなければならない

一般の心得

一　許可を得ないで自分の仕事場を離れたり、他人の仕事場に入ったりしてはならない
一　道具、品物、何によらず、放ったり投げたりしてはならない
一　運転している搬器《バケット》、エレベーター、コンベーイングベルトなどの上に乗ってはならない
一　巻揚機の台車、鉄索の搬器、またはクレーンの鉤《フック》に乗ってはならない
一　鈹《かわ》［製煉工程で生成する人工の硫化物］、鍰《からみ》［製煉工程で生ずる廃物］、銅の熔けた物が水に触れると、

爆発するおそれがあるから、熔鉱工場や煉銅工場の付近に、水を撒いてはならない

焼熔工場で働く者の心得

一　八角鋼で気孔を作る時には、火の粉が壺《ポット》の中から飛び散るから、用心しなければならない
一　壺の中から焼けた鉱石を出す時には、まず笛を吹いて付近の者に注意しなければならない
一　焼けた鉱石を砕く時は、破片が飛び散って、火傷をしたり、眼の中に入ったりするのを避けなければならない
一　壺の回転は、徐々《そろそろ》とやらなければならない

団鉱工場で働く者の心得

一　機械の運転を始める時、及び停める時には、運転夫は笛を吹いて合図をすること
一　団鉱機のクラッチの開閉は、運転夫以外の者がしてはならない
一　団鉱機の掃除は、運転中にしてはならない、もしやむを得ない場合には、熟練した者が掃除すること
一　運転中の機械に油を注す時には、足場に気を付けて、機械に触れないようにすること、ミキサーの掃除をする時も同様である

一　打ち抜きスタンプで団鉱を抜けなかった時には、女工は自分で手を出さないで、運転夫に知らせなさい

熔鉱工場で働く者の心得

（装入床《そうにゅうとこ》）

一　装入床のトロ運搬は、よく付近に眼を配って、衝突《ぶつかっ》たり、転覆したりすることのないように、気を付けること

一　装入庫から装入物を抜き取る時には必ず徐々と行うこと

一　炉の戸の開閉にハンマーシャブルを用いてはならない

一　すべて鎚を用いる時には、脇見をしたり雑談をしたりしないで、真面目に打たなければならない

一　ハンマーや八角鋼は、打ちどころの尖っている物を用いてはならない

一　炉付き職工は炉の周囲を常によく掃除しておかなければならない

一　空気上昇、または瘤取りの時には、炉から噴き出る火粉に気を付けること

（羽口《はぐち》）

一　羽口の石炭装入、または羽口の開通をする者は、羽口の内から飛んで出る物に触わらないようにす

ること
一　羽口の二重蓋の間に指端を挟まれないように気を付けなさい
一　常によく水套《タンプ》の排水に注意して、もし蒸気を認めた時には、係員に知らせなさい
一　熔鉱炉の周囲や、前坩《ぜんかん》、鈹壷の地並《じなみ》では、水をあまり用いてはならない
一　前坩の蓋の上をみだりに歩いてはならない
一　鈹樋の上を飛び越えたり歩いたりしてはならない
一　吹立《ふきたて》の時は水套、給水、排水などによく注意すること
一　吹立の時は悪い瓦斯《ガス》の漏れ出るおそれがあるから、下に働いている者はよく注意すること

煉銅工場に働く者の心得

一　オペレーションバルブの取り扱いは、よく念を入れて徐々と運転をしなければならない、また運転が終わった時には、ハンドルにピンを挿すことを忘れてはいけない
一　コンバーターの中へ、クレーンボートで熔鈹やその他の物を入れた時は、クレーンが他の方に移った後でなければ、コンバーターを回転してはいけない
一　熔けた鍰や銅をコンバーターから出す時は、極く静かにコンバーターを回転しなければいけない
一　熔けた鍰や銅は、壺に九分目より多く入れてはいけない

一　コンバーターの付近は常によく掃除しなければいけないが、水を撒いたり、水溜をこしらえてはいけない

一　熔けた鈹、鍰、銅を入れる壺の内部は、よく乾いているものでなければならない

一　アノード板の注ぎ手は、必ず体にむしろを掛けること

一　濡れている鋳型に銅を注ぎ込んではいけない

一　鋳型に入れた銅でまだ十分固まっていない物は水の中に落としてはいけない

一　鍰流し場では、なるべく水を少なく使うようにしなさい、もし水溜が出来た時はすぐ乾かすこと

一　ライニングの修繕のため炉肌を冷やす時には、風箱の上に立って水管や風管で取り扱い、決して縁に上ってはならない

一　煉銅鍰を流す時は、クレーンの運転夫は信号をすること、この信号を聞いた時は、その付近にいる者は早く退けなければならない

一　吹き過ぎて硅酸銅《けいさんどう》が出来た時は、係員の指図を待つこと、決して注ぎ鈹などしてはならない

一　すべて湿気のある物は、銅屑その他、何でもコンバーターの中に入れてはいけない

一　コンバーターその他重い物をクレーンで吊る時には、鉤が正しく掛っていることを確かめた上で、クレーンの運転夫に信号すること

一　クレーン運転夫に対する信号は、すべて呼び笛を用いること、また、係員、工手、夫頭以外の者は

一　クレーンの運転夫に指図してはならない
一　フードの烟灰《えんばい》落しの時は、よく脚下に気を付けること
一　クレーンの運転夫はコンバーターに銑を注ぎ込む時は、コンバーターが回転を停めている時でなければいけない
一　クレーンの運転夫はコンバーターの回転中、その真正面にクレーンを停めていてはならない
クレーンの運転夫は「電気の部」にある「トラベリングクレーン運転の心得」を参照すること

第三　電気

電気による負傷《けが》はそう沢山はない。その代わり、稀にあると大抵大負傷である。よく注意しなければならない。

一般の心得

一　電柱や電線には、なるべく触らないようにしなさい、殊に暴風雨、雷鳴、雪の降った時は、いっそ

う気を付けて触らないようにしなさい

一　電柱、腕木、碍子《がいし》を赤く塗ったのは危険なので、傍へ寄らないようにしなさい

一　電柱や電線の近くで火事があった時、素人が刃物をもって電線を切ったり、電柱を倒したりするのは、危険であるから、してはいけない

一　電柱、腕木、電線、またはそれに続いている物などが火花を発しているのを見た人は、すぐ電気係員に知らせなさい

一　電線が切れて垂れ下がっているのを見た人は、決してそれに触ってはならない、もし、どうしてもそれに触らなければならないような時には、乾いた布で厚く手を包み、乾いた長い竹か木を持って静かに動かすようにしなさい

一　職務以外には、すべて電気の機械に触ってはならない

一　電車のトロリー線には、体はもちろん、持っている道具でも触らないようにしなさい

一　電車の通るレールの上は、なるべく歩かないようにしなさい

一　仕事の都合で一時、電灯線や電話線を動かさなければならないような場合は、勝手にやらずに、予め電気係員に知らせなさい

一　室内用の電線を包んでいる糸、ゴム、布などは傷を付けないように取り扱わなければならない、もし、傷が付いた時は即座に電気係員に知らせなさい

一　電灯線を釘、その他の金属で引っかけることは禁物です

電気夫の心得

一　発電機のブラシを動かす時には、必ず手袋を付けなさい
一　ブラシの位置によく注意して、整流子の上のスパークを少なくしなさい
一　変電所、発電所において、他からの請求によって油入開閉器《オイルスイッチ》を切った時には、また同じ人からの請求のあるまでは再び開閉器を入れてはならない
一　サーキットブレーカーが飛んだ時、これを再び接続《つない》で、その下の開閉器を入れる時には、必ず自分の顔をブレーカーの方に向けないようにしなさい
一　動力線や電灯線を取り扱うには、いつでも電気が通じているものと思って、注意して取り扱わなくてはならない
一　電線に施してある絶縁体《インシユレーター》は、いつでもショックを防ぐことの出来ないものと思っていた方がよろしい、また、ショックを受けた場合でも高い所から墜ちるようなことがないように用心していなければならない
一　絶縁体に昇って仕事をしている人の体に触ってはならない
一　サーキットブレーカーが飛ばないように縛っておくようなことをしてはならない

一　油入開閉器及びコンペンセーターが線から全く切り離されていなければ、油槽《オイルタンク》を取り外してはならない

一　何でも仕事をした後で、道具や材料を高い所に置いてはならない

電動機《モーター》運転の心得

一　電動機の運転を始める前には、まず手でベアリングメタル、ホイリングを回してみて、かつ油が有るか無いかを検査し、もしあっても濁っていたならば取り換えること

一　次に、開閉器、リレーを取り調べ、水抵抗器を用いる者は、水が平均しているかどうかを見、シャートスイッチが外されているかどうかに気に留めなさい、また、コントローラーを用いる者は、油の有無、フィンガー、抵抗器の具合などを検査しなさい

一　電動機をスタートするには、なるべく徐々《そろそろ》と始めること、そして、回転するに従って抵抗器やコントローラーを次第に入れること

一　電動機については、次の事柄によく注意すること

（イ）電動機の発する響に気を付け、もし異った響が出る時には、すぐに係員に知らせること

（ロ）電動機の熱する度合いを検査し、もしコーアの一部分がはなはだしく熱した時には、すぐに係員に知らせること

一　（ハ）ベアリングメタルが熱し過ぎるような時も、すぐに係員に知らせること

一　ベアリングに塵埃や砂の入らないよう気を付けること

一　ベアリングの油はあまり黒くならないうちに取り換えること、また、油が泡の立つのは熱し過ぎたためであることから気を付けること

一　ベアリングに油を注ぐ時は、外にこぼれないようにすること

一　電動機の近くにセメントとか砂とか、その他飛び散りや易い物を置いてはいけない

一　電動機を運転する時、妙な響を発してスタートしない時は、一線の開閉器のコンタクトが悪いか、またはヒューズが一本切れているかであるから気を付けること

一　電動機の運転を停めた時には、次の事柄に注意すること

（イ）電動機の埃や油を拭き取り、水抵抗器を清め、鋳物抵抗器のホートを締め直すこと

（ロ）ステートルとロートルの隙間《ギャップ》が片側にろうそくを立て片側から透かして見て、もし片寄っているのを見た時には、すぐに係員に知らせること

一　巻上機の電動機を運転するに、ブレーキを使う場合に、コントローラーにより逆回転のノッチを使うことは電動機の寿命を縮めるものであるから、これを避けなければならない

一　電動機の運転を停める時、喞筒《ポンプ》やターボブロアなどは、まずデリバリーバルブを締め、荷重《ロード》を減らし、電流の下るのを待って、開閉器を切らなくてはならない

電車運転の心得

一　電車運転手は電車路の両側、または上の狭い所をよく覚えておいて、そこを通る時は気を付けること

一　モーターはもちろん、アーマチュア、コンミュテーター、ブラッシホルダーなどは常にきれいにして、塵埃を付けたり、湿らせたりしてはならない

一　車を停めている間は、トロリーホイールを引き離しておくこと

一　発車の時、双方すれ違う時、前面に人がいる時、坑口や曲り角を通る時は必ず鈴《ベル》を鳴らし、速力を緩めること

一　急に発車すると電動機や車を傷めるから、静かにノッチを入れなければならない

一　坂路を上る時には、再び発車しにくいような所で車を停めてはならない

一　やむを得ない場合のほか、曲線部《カーブ》の上に車を停めてはならない

一　坂路を下る時は、電流を切っておくこと

一　ただし、ブレーキが利かなくなった時の用心に、トローリーキーホイールは線から離さずにおくこと

一　発車する時は、必ずブレーキを緩めること

第三　電気

一　ブレーキを締める時は、電流を切ること

一　水の中を通る場合は、出来るだけ速力を遅くすること

一　セクション、インシュレーターを通る時は、車の電流を切ること

一　車を逆に動かすことは、危険を避けるためにやむを得ない場合のほか、やってはならない

一　停電の時は、コントローラーハンドルをオフの所に置いて、電力が来るのを待っていること

一　油注しのような金属を用いる時は、トロリーホイールを電線から引き離して、自分の体が乾いた板のほか何物にも触っていないようにしなければならない

一　電車進行中、レールの接続点にスパークを認めた時、またはある接続点を通った後で、急に速力が異ってきたような時には、すぐに係員に知らせなさい

一　電車進行中の響に耳を馴らしておいて、もし妙な響を聞いた時は、その原因を調べて係員に知らせなさい

電車については、「第一　採鉱」のうち「電車についての心得」をも参照すること

トラベリングクレーンの運転の心得

一　常に電動機やコントローラーをきれいにしておかなければならない、殊に煉銅工場は塵埃の飛ぶことがはげしいから、いっそう掃除に念を入れなければならない

一　常に歯車やギアのキーの緩まないように注意しなければならない、電動機を空回りさせることは最もよくない

一　クレーンを修繕する時には、よく熟練している者の外は、メインスイッチを切ってからでなければクレーンに昇ってはいけない

一　前項のクレーンに、再びメインスイッチを入れる時には、クレーンの上にも、またその通路にも人のいないことを確かめた上でなければならない

一　不意に電気が停った時は、すぐにすべてのスイッチを切り、コントローラーをオフの位置に置くこと

一　どんな場合でも他のクレーンを修繕している者に危険のないことを確かめた上でなければ、こちらのクレーンを動かしてはならない

一　クレーンに人を乗せて運転してはいけない

第四　機械

機械は工場の中で一番大切なものであるが、この機械を運転したり、製作したり、修繕したりする「人間」は、なお大切であるから、よく自分の身を守り、また機械を守らなければならない。

機械運転の心得

一　機械の取り扱いにはよく念を入れ、また油を注すことを怠ってはならない

一　機械のある室の中は常によく掃除をし、油や襤褸《ぼろ》の類は、その置き場を定めておいて決して取り散らかしてはならない

一　交代の時は、自分の就業中に起こった事故や、機械の具合の悪い所などを次の者によく話しておくこと

一　機械や調帯《ベルト》に故障のあった時は、すぐに係員に知らせて指図を受けること、ただし、もし急に重大な故障が起こった時はすぐさまその運転を停めること

一　油を注ぐ時や、掃除をする時には、よく気を付けて、機械の危険な部分や調帯に触らないようにすること

一　どんな場合でも運転している機械の調帯の上を跨いだり、飛び越えたり、下を潜ったりしてはならない
一　機械室に無用の者を入れてはならない
一　機械の運転を停めないで修繕をしてはならない、また他の者にさせてもいけない
一　機械運転を始める前には、各部に故障の無いこと、また危険な場所に人のいないことをよく確かめなければならない
一　機械運転を始める時、また停める時は、徐々《そろそろ》としなければならない、特に送風機の運転を始めるには必ず係員の指図によらなければならない
一　機械の傍に人の躓《つまづ》くような物を置いてはならない、また歩いているうちに辷《すべ》って転げるようなおそれのないようにしておかなければならない
一　機械の傍にある階段の上下には、よく気を付けなければならない
一　何人も係員の許可なしに決して機械に触ってはならない、また自分の着物が機械に引っかからないよう注意しなければばらない

機械製作修繕の心得

一　鋳型を作るために用いた釘は、砂篩《すなふるい》の時、残らず拾い取らなければならない

一　熔けた金属を運ぶ時には、その容れ物に故障のないことを確めなければならない、また運んでいる間に落ちたりすることのないように気を付けること
一　すべて材料を積重ねて置く時には、崩れたり転げたりすることのないようにしなければならない
一　ハンマーを使う時には、よく付近に気を付けて過失《あやまち》のないようにしなければならない
一　金属の破片の飛散るような仕事をする時には、その付近に人を寄せ付けてはならない
一　エアーハンマーでは熱していない鉄材を叩いてはならない
一　人の通るべき所に道具や材料を置いてはならない
一　すべて物を放り投げたり、落としてはならない
一　運転している歯車の掛け替えをしてはならない

第五　土木

土木の仕事は重い材木や石を取り扱ったり、高い足場の上でする仕事が多く、従ってまた危険も多いわけであるから、よく用心しなければならない。

土工石工の心得

一　土砂を運ぶための足場は墜ちるおそれのないように確固《しっかり》と架けておかねばならない
一　土砂切り取りの時には片隧道《かたトンネル》のように掘ってはならない
一　間知石《けんちせき》や才石《さいせき》を採る時には破片の飛散らないよう気を付けること
一　石や土を運ぶ畚《もっこ》の綱は、途中で断れることのないように、常に丈夫なものを用いること
一　重い石を運ぶ時にはあまり急いではならない
一　往来の人の邪魔になるような所に石を置き放しにしてはならない
一　石を積重ねて置く時には崩れたり転げたりすることのないようにしておかなければならない
一　仕事場の下の方に往来がある時は、石や土を落とさないようにしなければならない、もし落とさなければならない時には、人が通っていないことを確かめた上にしなければならない
一　石のために指端を挟まれたり、足の甲を打たれたりしないように注意すること

大工鳶夫《とびふ》の心得

一　最もよく気を付けなければならないのは足場である、決して確固としていない足場に上ってはならない

一　足場の上を歩く時には、いくら慣れているものでも、よく用心して、決して大胆な真似をしてはならない
一　足場を架ける時、丸太を落してはならない
一　足場を取り崩す時、丸太を横倒しに投下してはならない
一　すべて木材を廊下や壁などに立てかけておいてはならない
一　斧や手斧《ちょうな》を使う時には、足の端を傷つけないように注意すること
一　釘は一本でも放り散らしたままにしておいてはならない、新しい釘はもちろん、役に立たなくなった古釘でも拾って持って帰った方がよろしい
一　釘の付いている板を仕事場や人の通る場所に捨てておいてはならない
一　梯子の上下には、梯子が倒れたり、外れたりすることのないように気を付けること

第六　運搬

運搬はすべて速いことを貴《たっと》ぶ。しかしこの速いということが危険を伴い易いのであるから、過失《あやまち》なしに速くすることが大事である。

一般の心得

一　何によらず不完全な運搬具を用いてはならない
一　運搬物はその容れ物にあまり沢山入れすぎてはならない
一　人の乗るべきものでない運搬具に乗ってはならない
一　線路に故障のあった時は、無理に通そうとせずに、係員に知らせなさい

鉄索についての心得

一　搬器と搬器との間には必ず定まった隔りをおかねばならない
一　定まった重さ及び大きさ以上の物を載せてはならない
一　搬器のクリップは常に十分、鉄索を噛んでいなければならない
一　搬器に物を入れる時、また搬器から物を出す時はよく注意すること
一　油注夫は常に脚下に気を付けて辷《すべ》り落ちないようにしなければならない、またローラー、ビームなどの不完全ものがあった時には係員に知らせなさい

馬車についての心得

一　馬丁《ばてい》は常に馬の性質に気を付けて、悪い癖のある馬は特によく用心しなければならない
一　馬のびんづなを弛めすぎてはならない
一　線路の曲った所、交叉した所、分岐した所ではよく気を付けること
一　徐行区域と定めてある所では必ず速力を緩めなければならない
一　汽車の線路に近付いた時には、大丈夫ということを確かめた上で通らなければならない
一　火薬を運搬する時にはよく係員の指図を聞いて、決して自分の思うままにしてはならない

電車についての心得

電車については、「第三　電気」の中の「電車運転の心得」及び「第一　採鉱」の中の「電車についての心得」として掲げたものによること。

第七　林業

林業の仕事は勾配の急な山や、狭くて曲がりくねった山路で、重い大きな材木を伐《き》ったり、搬んだりする危険な仕事であるから、よく用心しなくてはならない。

伐木《ばつぼく》についての心得

一　立木を伐る時は、まずその木の幹、枝の具合で、どちらに倒れるかということを見定め、かつ根回りの岩や土の様子を調べた上で、必ず足場を設けること

一　次に幹の下の部分にある枝やその他の邪魔者を切り払ってから、木の伐り倒しに着手すること

一　木を伐る時には受口四分、追口六分の割合で斧を入れること、もし受口の切り込みが浅過ぎると、途中で幹が裂けたり意外の向きに倒れたりすることがあるから気を付けなければならない

一　木が倒れそうになった時は、すぐに切り込みを止めて、安全な場所に退かなくてはならない

一　木を伐っている時には、付近に気を付けて、もし人が近寄った時には、一々合図することを忘れてはならない

一　根倒しがすんでもすぐに近寄らないで、地が崩れてはいないか、傾斜が急で転倒するようなことはないかというようなことを確めてから、枝払いに着手すること

一　倒れた木が、滑り落ちたり、転倒したりしそうな時は、支柱を用いるか、または木の上方の端を綱で留めておかなくてはならない

材木運搬についての心得

一　木材を落とす時は、下の路に見張人を置いて、通行人に合図をすること、下に路のない所でも人が通らないとは限らないからよく気を付けて危険を避けること

一　桟手《さて》を使う時には、雨や雪や氷のために滑って、案外な方に飛ぶことがあるから用心しなくてはならない

一　山路を歩く時は常に足の爪尖に力を入れて、小足に歩くこと

一　鳶口《とびぐち》を使って大勢で材木を動かす時には、皆の力の入れ具合を一様にするように努めなければならない

一　鳶口の尖端はよく尖らせておくこと

一　積木をする時、または積木を取り下す時には木材の緩みに気を付けて、転げ落ちないようにしなければならない

一　土橇《どそり》を使う時には、路の上にある石、枝、蔓草などを取り除いて、躓《つまづ》くことのないようにしなければならない。

一　雨や雪の降った時は、土橇が大変滑りやすいから、積荷を軽くし、算盤木《そろばんき》を取り除けるとか、砂を撒布するとか、金輪を付けるとかして、滑りを止める工夫を忘れてはならない

一　物を背負い歩く時には必ず背負梯子を用い、脇見をしないようにすること

第八　導火《みちび》製造

導火の製造は一番危険の多い火薬を取り扱うのであるから、よく心得の箇条を守って、すこしも油断があってはならない。

一般の心得

一　烟草《たばこ》、燐寸《マッチ》、鋼類、その他、火を発し易い物を携えて入ってはならない

一　土足のままで入ってはならない、必ず備え付けの草履をはくこと

一　歩く時は床板をすったり、走ったりしてはならない

一　やむを得ず夜中に入る時には入口の外で角灯にろうそくをつけ、燐寸をおいて入ること

仕事場の心得

すべて物を搬ぶ時には、これを引きずってはならない、また自分の力にあまるような重い物を持ってはな

らない

一　仕事の材料や道具は定った場所の外へ持って行ってはならない

一　機械の故障のあった時は無理をせずにすぐ係員に知らせなさい

一　火薬挽きの室にはみだりに人を入れてはならない

一　火薬の中に金属や砂などのまざらぬように気を付けること

一　火薬の取り扱いはすべて手荒くしてはならない

一　仕事中に飛び散った火薬は時々きれいに掃き取らなければならない

第八　導火製造

大正四年一月　十日　印刷
大正四年一月十五日　発行　　　　　（非売品）

栃木県上都賀郡足尾町二千二百八十一番地
　　　編集兼発行人　　　　林　　　癸　未　夫
東京市牛込区榎町七番地
　　　印　刷　人　　　　渡　邊　八　太　郎

COLUMN 5

現代語訳にあたって

『安全第一』現代語訳は、千代田区立日比谷図書文化館所蔵の11版（大正８年６月15日）を用いました。私達が調べた限りでは、その他所蔵されているのは、秋田県立図書館、京都府立図書館、山口県立図書館のみという貴重な書籍です。日比谷図書文化館では、コピーは許可されず、全ページ写真撮影したものを用いましたが、ページを完全に開くことができなかったため、撮影には多くの労力が必要でした。またうまくピントが合わなかったりで判読するのに苦労しました。読者の読みやすさを考慮しながら、現代表記に改めましたが、難解な部分には、随時ルビ、脚注を施しました。また、当時の雰囲気を残すことにも留意したため、一部、現代では不適切な表現も残っていることをご了解頂ければ幸いです。

『安全専一』は、小田川雅朗氏が古河機械金属株式会社からコピーの提供を受け、それを書き起こした極めて読みやすい資料があり、その点では苦労はありませんでした。『安全第一』同様統一表記ルールは作成しましたが、更に現代表記変換一覧、ルビ一覧を作成し統一を図りました。また、小田川全之の独特の文字使い、言い回しを敢えて残した部分もあります。本書冒頭の「休日の翌日にはとかく疎漏《そろう》がちて負傷《けが》が多いから、ウッカリして過失《あやまち》をしないようよく気を付けなければならない」はその一例です。また鉱山用語には、最低限ですが注釈を付しました。

いずれの場合も、現代語訳の担当者は、年齢、職業経験、日本語の知識にバラエティーがあり、この表現で読者に意味が通じるのか、ルビは振るべきかなど、考えはなかなかまとまりませんでした。最後は、読者は労働安全活動に一定程度の経験があり、日本語の知識は高いと想定し、記載の内容にまとめました。また、明らかな誤記・誤植は訂正し、体裁を整えましたが、読みやすい文章になったかどうか不安です。

100年前の『安全第一』、『安全専一』の現代語訳作業を通して多くのことを学ぶことができました。お読みになった皆様もそうであることを望んでいます。

（H.M）

おわりに

本書は、「安全専一」活動の創始者である小田川全之の曾孫で執筆者の一人、小田川雅朗が、朝日新聞（二〇一四年三月十五日付け夕刊）の連載記事「あのときそれから～安全第一のスローガン～」の中で内田嘉吉著『安全第一』の現代語訳が出版されている箇所を読み落としていたら誕生していません。小田川は、曽祖父がSafety Firstをどうして「安全専一」と訳したのか、なぜ「安全第一」活動の方が広く社会に受け入れられたか、の研究を続けていました。直ちに小田川は、内田の「安全第一」活動から今日の安全活動の進め方を研究していたグループに参加し、その結果、一〇〇年前の産業安全活動の二つの源流から学ぶ研究は加速しました。

随所で紹介しましたが、米国で流行っていたSafety Firstを「安全第一」、「安全専一」と訳出して始まった二つの安全活動を調査し、一〇〇年前の組織内の３職階層（経営層を含む上級管理職層、中間管理職層および一般実務職層）の行動の中に現在の多くの組織の中で見られる行動と同じ行動があることを見出しました。そして今日、活発に議論されている安全に関するマネジメント、特に社長を含む経営管理職層のマネジメントの役割に関する良い実績例が一〇〇年前に既にあったことと安全担当の中間管理職層が安全文化醸成に貢献できた事例とそうでなかった事例から、現在更に効果的な活動を求められている3職階層別の安全活動へのヒントを得ることができました。どちらか一つだけの研究では、これほど早く3職階層の組織行動について学ぶことができなかったと感じています。

『安全第一』と『安全専一』の現代語訳を通してまだまだ学ぶ点が多いと感じています。私達は二つの活動から学ぶ視点がそれぞれの経験に拠って異なることを感じました。一九五〇年代に始まった高度成長時代、その後の失われた二〇年といわれている現在までの約六〇年余の間のさまざまな経験された方々が、それぞれの視点でこの二つの活動から学ぶことを公開しあい、意見交換しあうことにより、これからの社会が求めている安全で安心な社会での安全活動が姿を現してくるのではないかと、期待しています。

本書は、本年が安全啓発書『安全第一』が出版されて一〇〇年であることに因んで研究成果を月刊誌『化学経済』（化学工業日報社）五月号から連載していますが、その内、九月号までの内容を、産業安全フォーラム「これからの産業安全を考える」（主催　化学工業日報社、川崎市産業振興会館、二〇一六年九月九日開催）で研究チームのメンバーが発表する際の参考資料として編集したものです。

一〇〇年前の安全活動が始まった原点に立ち返って、現在を見直すことで安全・安心の実現に向けて日夜努めておられる方々に少しでもお役に立つことができれば幸いです。

◎編集者・執筆者・現代語訳者一覧（五〇音順、カッコ内は所属、Rはリスクセンス研究会会員）

○編集

新井　充（R、東京大学）、井戸幸一（R、株式会社乃村工藝社）、小田川雅朗（R、元 株式会社竹中工務店）、中田邦臣（R、元三菱化学株式会社）、三谷　洋（R、カデラ薬品株式会社）

○執筆

新井　充［はじめに］　小田川雅朗［第3章、第4章1項］　金子　毅（聖学院大学）［第2章5項］　久能正之（古河機械金属株式会社）［第4章1項］　清水尚憲（独立行政法人労働者健康安全機構労働安全衛生総合研究所）［第2章4項］　鈴木雄二（横浜国立大学）［第1章4項］　中田邦臣［第1章1、2、3項、第2章1、2、3項、第4章2項、〈参考〉、おわりに］

○現代語訳

『安全第一』

井戸幸一、小山富士雄（R、元 東京工業大学）、平　和昭（富士通株式会社）、平真寿美（グリーンブルー株式会社）、中田邦臣、三谷　洋、渡辺久剛（三井不動産ビルマネジメント株式会社）

『安全専一』

石山秀雄（R、大崎電気工業株式会社）、小田川雅朗、中田邦臣、三谷　洋、渡辺久剛

産業安全活動　二つの源流

『Think Safety First again』－100年の時空《とき》を超えて－

特定非営利活動法人リスクセンス研究会　編著

2016年9月2日　初版1刷発行

発行者　織 田 島　　修

発行所　化学工業日報社

〒103-8485　東京都中央区日本橋浜町3-16-8

電話　03(3663)7935(編集)

03(3663)7932(販売)

振替　00190-2-93916

支社　大阪　支局　名古屋、シンガポール、上海、バンコク

HP アドレス　http://www.kagakukogyonippo.com/

(印刷・製本：平河工業社)

ISBN978-4-87326-672-5　C3050